Александр Юркин

Симметричный треугольник Паскаля и арифметический параллелепипед

Александр Юркин

Симметричный треугольник Паскаля и арифметический параллелепипед

О возможности новой наглядной геометрической интерпретации процессов в длинных трубках

LAP LAMBERT Academic Publishing

Impressum / **Выходные данные**

Bibliografische Information der Deutschen Nationalbibliothek: Die Deutsche Nationalbibliothek verzeichnet diese Publikation in der Deutschen Nationalbibliografie; detaillierte bibliografische Daten sind im Internet über http://dnb.d-nb.de abrufbar.

Alle in diesem Buch genannten Marken und Produktnamen unterliegen warenzeichen-, marken- oder patentrechtlichem Schutz bzw. sind Warenzeichen oder eingetragene Warenzeichen der jeweiligen Inhaber. Die Wiedergabe von Marken, Produktnamen, Gebrauchsnamen, Handelsnamen, Warenbezeichnungen u.s.w. in diesem Werk berechtigt auch ohne besondere Kennzeichnung nicht zu der Annahme, dass solche Namen im Sinne der Warenzeichen- und Markenschutzgesetzgebung als frei zu betrachten wären und daher von jedermann benutzt werden dürften.

Библиографическая информация, изданная Немецкой Национальной Библиотекой. Немецкая Национальная Библиотека включает данную публикацию в Немецкий Книжный Каталог; с подробными библиографическими данными можно ознакомиться в Интернете по адресу http://dnb.d-nb.de.

Любые названия марок и брендов, упомянутые в этой книге, принадлежат торговой марке, бренду или запатентованы и являются брендами соответствующих правообладателей. Использование названий брендов, названий товаров, торговых марок, описаний товаров, общих имён, и т.д. даже без точного упоминания в этой работе не является основанием того, что данные названия можно считать незарегистрированными под каким-либо брендом и не защищены законом о брендах и их можно использовать всем без ограничений.

Coverbild / Изображение на обложке предоставлено: www.ingimage.com

Verlag / Издатель:
LAP LAMBERT Academic Publishing
ist ein Imprint der / является торговой маркой
OmniScriptum GmbH & Co. KG
Heinrich-Böcking-Str. 6-8, 66121 Saarbrücken, Deutschland / Германия
Email / электронная почта: info@lap-publishing.com

Herstellung: siehe letzte Seite /
Напечатано: см. последнюю страницу
ISBN: 978-3-8443-2275-0

А. В. Юркин

Симметричный треугольник Паскаля и нелинейный арифметический параллелепипед

О возможности новой наглядной геометрической
интерпретации процессов в длинных трубках

2015

Оглавление

Предисловие

Предлагаемая книга посвящена наглядному геометрическому описанию процессов в длинных трубках.

Книга основана на работах, опубликованных автором.

1. *А. В. Юркин.* Квантовая электроника, 18, 493 (1991). *A. V. Yurkin.* New mirror for a laser resonator // *Sow. J. Quantum Electron.*, v. 21, p. 447, 1991.

2. *А. В. Юркин.* Квантовая электроника, 18, 1209 (1991). *A. V. Yurkin.* Feasibility of reduction laser divergence // Sov. J. Quantum Electron., 1991, v. 21, p. 1096.]

3. *А. В. Юркин.* Квантовая электроника, 19, 819 (1992). *A. V. Yurkin.* Geometric features of a laser resonator consisting of many tilted reflecting planes //Sov. J. Quantum Electron., 1992, v. 22, p. 760.

4. *А. В. Юркин.* Квантовая электроника, 20, 377 (1993). *A. V. Yurkin.* Recurrence calculation of laser divergence and refractive analog of a multilobe mirror // Quantum Electron., 1993, v. 23, p. 323.

5. *А. В. Юркин.* Квантовая электроника, 21, 385 (1994). *A. V. Yurkin.* Quasi-resonator a new interpretation of scattering in lasers // *Quantum Electron.*, v. 24, p. 359, 1994.

6. *S. L., Popyrin, I. V Sokolov, A. V. Yurkin.* Three-dimensional geometrical analysis and the characteristics of laser generation in a multilobe mirror cavity // Optics Communications, 1999, v. 164, pp. 297 - 305.

7. *M. B. Mensky, A. V. Yurkin.* Труды института системного анализа РАН, 32(2), 113 (2008). *M. B.Mensky, A. V.Yurkin* The `diffusion' of light and angular distribution in the laser equipped with a multilobe mirror // Procedings of Institute of Systems Analysis of RAS, 2008, v. 32, no. 2, pp. 113 - 121. arXiv:physics/0108037

8. *A. V. Yurkin.* System of rays in lasers and a new feasibility of light

coherence control // Optics Communications, 1995, v. 114, p. 393.

9. *А. В. Юркин.* Труды института системного анализа РАН, 32(2), 99 (2008). *A. V. Yurkin.* The ray system in lasers, non-linear arithmetic pyramid and non-linear arithmetic triangles // Proceedings of the Institute of Systems Analysis of RAS, 2008, v. 32, no. 2, pp. 99 – 112. arXiv:1302.5214

10. *А. В. Юркин.* Труды института системного анализа РАН, 42(1), 66 (2009) *A. V. Yurkin.* Ray trajectories and the algorithm to calculate the binomial coefficients of a new type // Proceedings of the Institute of Systems Analysis of RAS, 2009, v. 42, no.1, pp. 66 - 77. arXiv:1302.4842

11. *А. В. Юркин.* Труды института системного анализа РАН,. 62(4), 28 (2012). *A. V. Yurkin.* New view on diffraction discovered by Grimaldi and Gauss

beams // Proceedings of the Institute of Systems Analysis of RAS, 2012, v. 62, no. 4, pp.28 - 35. arXiv:1302.6287

12. *A. V. Yurkin.* New binomial and new view on light theory. About one new universal descriptive geometric model. (Lambert Academic Publishing, 2013). ISBN 978-3-659-38404-2.

Необходимо отметить, что предлагаемая книга основана, в основном, на публикациях [1 – 8] автора, не вошедших в книгу [12].

Предлагаемая работа была успешно доложена и обсуждена на 22-й международной конференции «Математика, компьютер, образование» в 2015 году 27 и 28 января в виде стендового и устного докладов соответственно, на секции S1: «Математические теории» http://www.mce.su/. Автор благодарен участникам конференции за внимательное и полезное обсуждение различных аспектов работы.

Автор благодарен проф. Э. Э. Шнолю, проф. В. В. Дикусару, проф. В. Г. Михалевичу проф. А. В. Каганову, проф. Дж. Петерсу (Канада) и проф. Р. Мехта (Индия) за полезные замечания; автор благодарен д. ф.- м. наук Г. А. Аскарьяну и акад. С. П. Новикову за начальную поддержку автора по этой теме более 20–ти лет назад; автор также благодарен Мистеру Н. Дж. А. Слоуну (США) за его удивительные таблицы.

Для удобства читателей, в Приложении приведены рисунки из известных книг по физике, в самой работе все рисунки оригинальные.

1. Введение

В работе [1] было предложено многолепестковое зеркало лазерного резонатора для повышения однородности лазерного излучения. В работах [2 – 8] проводились теоретические и экспериментальные исследования лазеров.

В работе [5] исследовались процессы, происходящие в лазере с помощью геометрических моделей распространения света. проведены расчеты с помощью последовательностей типа рядов Фибоначчи.

В работе [6] показана трехмерная геометрическая модель распределения светового поля в лазерном резонаторе, а в работе [7] показан процесс «диффузии» света в лазере.

В работе [8] описана новая наглядная геометрическая модель распространения света в лазере на основе рассмотрения нового биномиального распределения.

Работы [9, 10] посвящены исследованию математических свойств нового биномиального распределения. В работе [10] описан второй, нелинейный, тип бинома и биномиальных коэффициентов, показано отличие от линейного бинома Ньютона.

В работе [11] был предложен новый взгляд на дифракцию света. Работы [9 - 11] можно найти в монографии [12].

В работах [4, 5] было показано, что процесс распространения света в лазерах можно описать в виде ветвящейся системы звеньев и лучей в «бинарной лучевой системе» и последовательностей типа рядов Фибоначчи. Также в работе [5] было отмечена возможность описания такой системы лучей с помощью волнообразных траекторий («волн») длиной λ_q, где сами «волны» состоят из множества прямых отрезков (звеньев).

В работе [8] было предложено «нелинейное арифметическое дерево» для описания распространения лучей света.

В работе [9] была предложена наглядная модель – «нелинейная арифметическая пирамида» для численного описания «нелинейного арифметического дерева» на основе рассмотрения биномиального распределения 2-го типа [10, 13] в параксиальных (гауссовых) пучках.

В работах [9, 11] принималось допущение, что процесс ветвления лучей происходит в открытом пространстве. Такая модель может иллюстрировать процесс распространения света или частиц при отсутствии препятствий или стен.

В работах [1 - 12] для описания процессов в лазерах, были предложены эквивалентные «бинарные лучевые системы» траекторий лучей (плоских волн) наклоненных под малыми углами к оси. Предполагалось, что лучи распространяются вдоль звеньев бинарной лучевой системы и, что один луч пропорционален одной единице энергии.

Настоящая работа обобщает вышеперечисленные предыдущие работы автора.

В настоящей работе мы придерживаемся наглядного геометрического подхода, основанного на исследовании свойств систем прямых линий и углов, а также параксиального (гауссова) приближения в расчетах.

В настоящей работе предложена новая наглядная модель – «нелинейный арифметический параллелепипед», для численного описания «бинарной лучевой системы» и для иллюстрации процесса распределения ветвящейся системы параксиальных (гауссовых) пучков и волнообразных траекторий в длинных трубках.

Предлагаемая новая модель может быть полезна для приближенной и формальной, но наглядной геометрической интерпретации процессов движения частиц и волн в длинных трубках. К таким процессам можно отнести, например, распространение света в лазерах, нахождение частицы бесконечно глубокой потенциальной яме (включая новую геометрическую интерпретацию спина частицы), ламинарное и турбулентное течение жидкости по трубам и т. п.

2. Треугольник Паскаля и арифметический прямоугольник

2.1. Треугольник Паскаля и отрицательные числа

Известно [14], что биномиальные коэффициенты $\binom{n}{p}$ можно вычислять с помощью двумерной числовой таблицы – арифметического треугольника Паскаля.

Для удобства читателя приведем кратко описание треугольника Паскаля.

Числа p в этом треугольнике расположены послойно рядами, на некотором расстоянии 2γ друг от друга, где γ – малое расстояние. Степень бинома n – порядковый номер ряда, начиная с вершины треугольника, а p – порядковый номер числа в ряду и $0 \leq p \leq n$.

Числа n и p являются *натуральными* числами, а построение треугольника начинается с верхнего ряда, с одной единицы.

Зададим начальные условия для числа нулевого ряда ($n = 0$):

$$\binom{n}{p} = 1, \tag{1}$$

для ($p = 0$), т. е.

$$\binom{0}{0} = 1 \text{ и } \binom{0}{p} = 0 \tag{2}$$

для остальных p.

Зададим также граничные условия для чисел p остальных n - рядов:

$$\binom{n}{p} = 0 \tag{3}$$

для $p<0$, $p>n$.

Тогда правило последовательного заполнения числами треугольника Паскаля будет:

$$\binom{n}{p} = \binom{n-1}{p-1} + \binom{n-1}{p}. \tag{4}$$

Или [14]:

$$\binom{n}{p} = \frac{n!}{p!(n-p)!}. \tag{5}$$

Введем теперь, для большей *симметрии* описания треугольника Паскаля, вместо *натурального* числа p, целое число p, принимающее *положительные* или *отрицательные* значения, т. е. $p = \cdots, -1, 0, 1, \ldots$, или $p = 0, \pm 1, \pm 2, \ldots$, и $|p| \le n$. При этом, *целые* числа p располагается в рядах *симметричного* треугольника Паскаля на расстоянии γ друг от друга (**Рис. 1a**) т. е. в 2 раза чаще, чем *натуральные* числа p в *обычном* треугольнике Паскаля, а точка $p = 0$ расположена на оси симметрии.

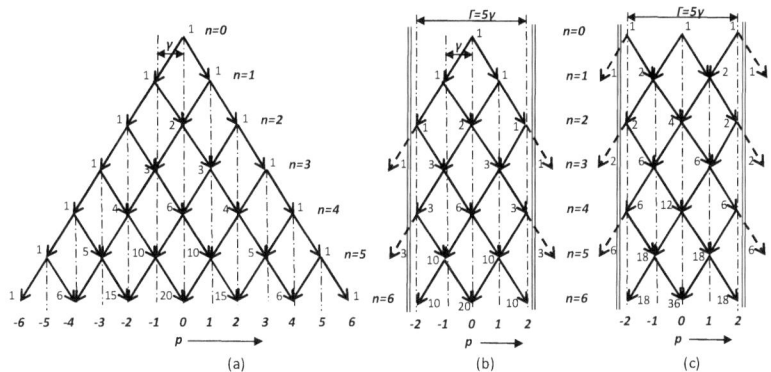

Рис. 1. Симметричный треугольник Паскаля, порядковый номер p целых чисел в ряду принимает положительные и отрицательные значения (**a**); арифметический прямоугольник высоты nL, ширины Γ; построение начинается с одной единицы (**a, b**), или с многих единиц (**c**) нулевого (верхнего) ряда.

Для построения симметричного треугольника Паскаля, зададим начальные условия для числа нулевого ряда ($n = 0$):

$$\binom{n}{p} = 1, \tag{6}$$

для $p = 0$, т. е.

$$\binom{0}{0} = 1 \text{ и } \binom{0}{p} = 0 \tag{7}$$

для остальных p.

Зададим также граничные условия для чисел p остальных n - рядов:

$$\binom{n}{p} = 0 \tag{8}$$

для $|p| > n.$

Тогда вместо выражения (4) правило последовательного заполнения числами треугольника Паскаля будет:

$$\binom{n}{p} = \binom{n-1}{p-1} + \binom{n-1}{p+1}. \tag{9}$$

И вместо (5) будем иметь формулу Ньютона в другом виде:

$$\binom{n}{p} = \frac{n!}{(\frac{n-p}{2})!(\frac{n+p}{2})!}. \tag{10}$$

2.2. Арифметический прямоугольник

Будем считать, что наш арифметический прямоугольник имеет высоту nL, и ширину $\Gamma = \gamma m + 1$, где L, γ – расстояния, а m – натуральное число (**Рис. 1b, c**).

Зададим, кроме (8) дополнительные граничные условия для чисел p ненулевых n - рядов:

$$\binom{n}{p} = 0 \tag{11}$$

для $|p| > p_{max}$, где $p_{max} = \Gamma/2$ (**Рис. 1b**).

Правило последовательного заполнения числами треугольника Паскаля останется прежним (9), но процесс заполнения двумерной числовой таблицы не будет выходить за пределы граничных условий (11) ширины Γ (**Рис. 1b**).

Зададим теперь дополнительные начальные условия для последовательности чисел нулевого ряда ($n = 0$):

$$\binom{0}{p} = 1, \quad \text{для} \quad |p| \le p_{max}, \quad \text{и} \quad \binom{0}{p} = 0, \tag{12}$$

для остальных p.

Более подробно выпишем последовательность чисел нулевого ряда:

$$\binom{0}{0} = 1, \binom{0}{\pm 1} = 1, ..., \binom{0}{|p| \le p_{max}} = 1, \binom{0}{|p| > p_{max}} = 0. \tag{13}$$

В этом случае *арифметический треугольник* становится *арифметическим прямоугольником*, и построение начинается с нулевого ($n = 0$) ряда, состоящего из последовательности единиц (**Рис. 1c**).

Правило последовательного заполнения числами арифметического прямоугольника (**Рис. 1c**) остается прежним (9), с учетом граничных (11) и начальных (12, 13) условий заполнения двумерной числовой таблицы.

Необходимо отметить, что при численных расчетах для больших значений n форма огибающей распределения лучей в арифметическом прямоугольнике практически не зависит от вида начальных условий (6, 7) или (12, 13). Однако, суммарное число лучей в случае условий (12, 13) приблизительно удваивается по сравнению со случаем (6, 7) (ср. **Рис.1b** с **Рис. 1c**).

2.3. Примеры расчета арифметического прямоугольника

На **Рис. 2** приведен пример расчета арифметического прямоугольника (**Рис. 1c**) для случая $\Gamma = 7$ в соответствии с правилом (9) последовательного заполнения числами арифметического прямоугольника с учетом граничных (11) и начальных (12 - 14) условий.

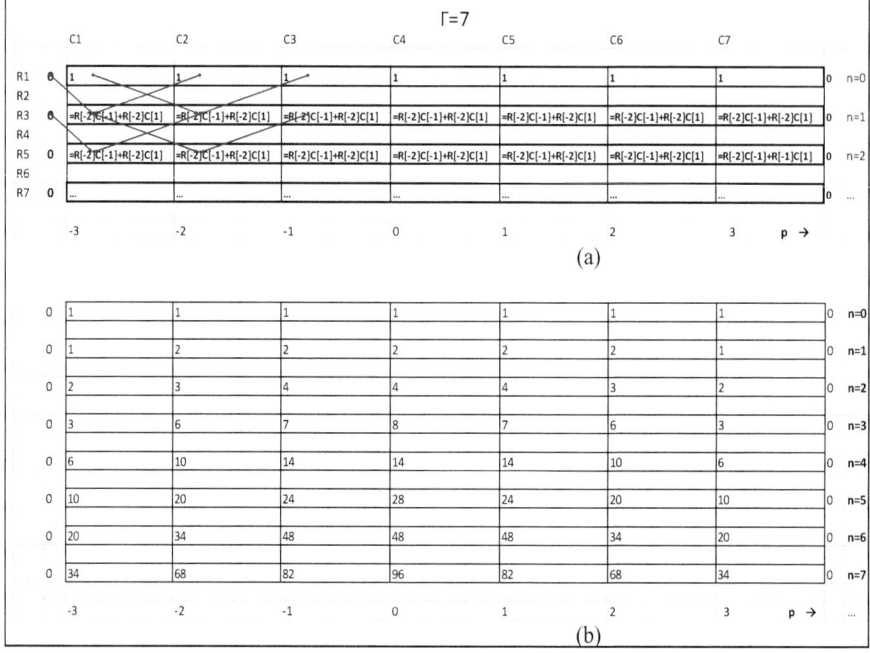

Рис. 2. Расчет заполнения числами арифметического прямоугольника в программе Excel. Таблица с формулами расчета (**a**), стрелками показаны влияющие ячейки. Та же таблица, заполненная числовыми значениями (**b**).

На **Рис. 3** приведены графики огибающих распределения числа лучей K для случая $\Gamma = 7$ (**Рис. 2**) при различных значениях проходов (итераций) $n = 1, 4, 16$.

На **Рис. 3** видно, что начиная примерно с 4-го прохода ($n = 4$) распределение приближается к стационарному и форма огибающей практически не меняется.

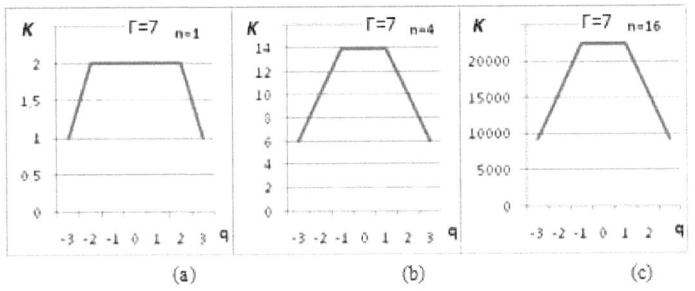

(a) (b) (c)

Рис. 3. Результаты расчета арифметического прямоугольника, приведенного на Рис. 2. Огибающие распределения числа лучей K для случая $\Gamma = 7$. Первый ($n = 1$) проход (**a**), четвертый ($n = 4$) проход (**b**), шестнадцатый ($n = 16$) проход (**c**).

На **Рис. 4** приведены графики огибающих распределения числа лучей K для случая $\Gamma = 99$ при различных значениях проходов (итераций) $n = 64, 512, 1019$.

На **Рис. 4** видно, что начиная примерно с 512 - го прохода ($n = 512$), распределение приближается к стационарному и форма огибающей практически не меняется и близка к параболе (**Рис. 4b, c**), а при начальных проходах форма огибающей близка к прямоугольнику (**Рис. 4a**).

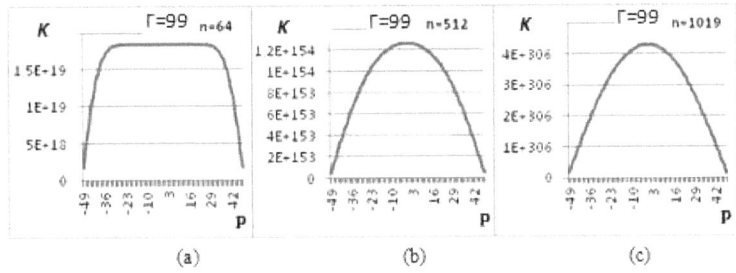

(a) (b) (c)

Рис. 4. Огибающие распределения числа лучей K для случая $\Gamma = 99$. Для $n = 64$ (64-й проход) (**a**), для $n = 512$ (**b**), $n = 1019$ (**c**).

3. Нелинейная арифметическая пирамида и нелинейный арифметический параллелепипед

3.1. Нелинейное арифметическое дерево, пирамида и целочисленная лучевая система

В работах [8] была предложена наглядная геометрическая модель в виде нелинейного арифметического дерева (**Рис. 5а**). Числа на этом дереве расположены послойно рядами, на малом расстоянии $2k$ друг от друга. Лучи, составляющие это дерево, наклонены на малые углы,

$$p = i\gamma, \tag{14}$$

где $i = 0, \pm1, \pm2 ...$ [1, 3, 6, 8, 9]; назовем эту группу лучей «$i\gamma$ – системой» или «целочисленной (лучевой) системой».

В работах [9, 12] для описания этого арифметического дерева была предложена трехмерная арифметическая таблица в виде нелинейной арифметической пирамиды.

Для удобства читателя приведем кратко [9, 12] описание нелинейной арифметической пирамиды.

В нелинейной арифметической пирамиде числа расположены в прямоугольных плоскостях разных размеров, а сами плоскости расположены послойно друг под другом, начиная с вершины пирамиды.

Каждый из n - слоев пирамиды имеет длину **q** и ширину **p**. Самый верхний слой ($n = 0$) имеет нулевые длину **q** $= 0$ и ширину **p** $= 0$. Числа n, p, q - *натуральные*.

Обозначим как

$$\begin{pmatrix} n \\ p \\ q \end{pmatrix} \tag{15}$$

число, расположенное в n - слое пирамиды в рядах **p** и **q**.

Зададим начальное значение для числа нулевого ($n = 0$) слоя, как

$$\begin{pmatrix} n \\ p \\ q \end{pmatrix} = 1 \qquad (16)$$

для $p = 0, q = 0,$ т. е. $\qquad \begin{pmatrix} 0 \\ 0 \\ 0 \end{pmatrix} = 1$ и

$$\begin{pmatrix} 0 \\ p \\ q \end{pmatrix} = 0 \qquad (17)$$

для остальных p и q.

Зададим также граничные условия для чисел p и q остальных n - слоев:

$$\begin{pmatrix} n \\ p \\ q \end{pmatrix} = 0 \qquad (18)$$

для $p<0$, $p>n$ и $q<0$, $q>n(n + 1)/2$.

Тогда правило последовательного заполнения, числами нашей трехмерной таблицы, начиная с вершины пирамиды, будет [9, 12]:

$$\begin{pmatrix} n \\ p \\ q \end{pmatrix} = \begin{pmatrix} n-1 \\ p-1 \\ q-p \end{pmatrix} + \begin{pmatrix} n-1 \\ p \\ q-p \end{pmatrix}. \qquad (19)$$

Выражение, описывающее правило заполнения числами нелинейного арифметического треугольника [9, 13]:

$$\begin{pmatrix} n \\ q \end{pmatrix} = \begin{pmatrix} n-1 \\ q-n \end{pmatrix} + \begin{pmatrix} n-1 \\ q \end{pmatrix}. \qquad (20)$$

Введем теперь, для большей *симметрии* описания нелинейного арифметического дерева вместо *натуральных* чисел p, q *действительные целые* числа p, q, принимающие положительные или отрицательные значения; т. е. в простейшем случае:

$p, q = 0, \pm1, \pm2...,$ а $|p| \le n$ и $|q| \le n(n + 1)/2$.

Целые числа q располагается в рядах *симметричного* нелинейного арифметического дерева на малом расстоянии k друг от друга (**Рис. 5а**), т. е. в 2 раза чаще, чем *натуральные* числа q в *обычном* [9, 12] нелинейном арифметическом дереве, а точка $q = 0$ расположена на оси симметрии. *Целые* числа p отображено в виде углов, кратных малому углу γ в направлении (от вертикали) по часовой ($+p$) или против часовой ($-p$) стрелки (**Рис. 5а**); в *обычном* [9, 12] нелинейном арифметическом дереве откладывались углы, не имеющие направления.

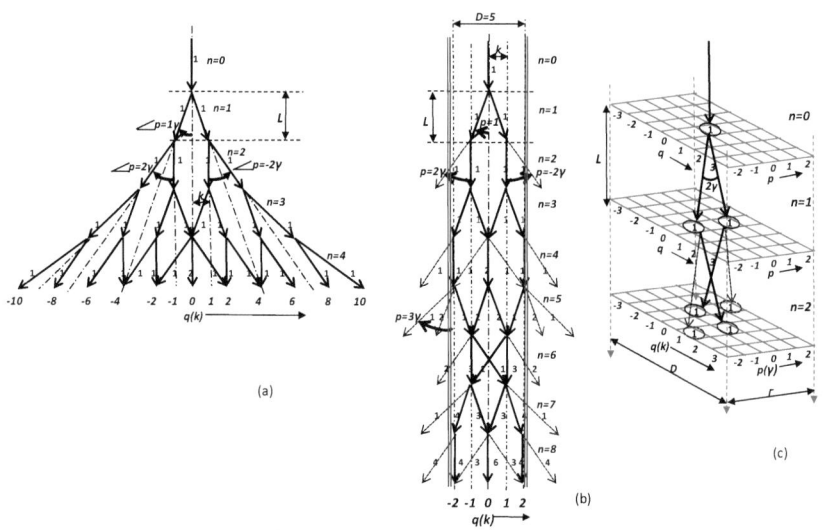

Рис. 5. Симметричное нелинейное арифметическое дерево, порядковые номера q чисел в ряду принимают положительные или отрицательные значения, числа p отображены в виде углов, имеющих направление (относительно вертикали) по часовой ($+p$) или против часовой ($-p$) стрелки (**a**). Бинарная лучевая система, построение начинается с одной единицы (**b**). Симметричная нелинейная арифметическая пирамида (нелинейный арифметический параллелепипед) высоты nL, длины D и ширины Γ, построение начинается с одной единицы нулевого (верхнего) ряда (**c**).

Для построения *симметричного нелинейного арифметического дерева* (**Рис. 5a** и верхняя часть **Рис. 5b**) и *симметричной нелинейной арифметической пирамиды* (**Рис. 5c**), зададим начальное значение для числа нулевого ($n = 0$) слоя, как

$$\begin{pmatrix} n \\ p \\ q \end{pmatrix} = 1$$

для $p = 0, q = 0$, т. е.

$$\begin{pmatrix} 0 \\ 0 \\ 0 \end{pmatrix} = 1 \quad \text{и} \quad \begin{pmatrix} 0 \\ p \\ q \end{pmatrix} = 0 \tag{21}$$

для остальных p и q.

Зададим также граничные условия для чисел p и q остальных n - слоев:

$$\begin{pmatrix} n \\ p \\ q \end{pmatrix} = 0 \tag{22}$$

для $|p| > n$ и $|q| > n(n + 1)/2$.

Тогда вместо выражения (19) правило последовательного заполнения числами нашего дерева и трехмерной таблицы (**Рис. 5**), начиная с вершины пирамиды, будет:

$$\begin{pmatrix} n \\ p \\ q \end{pmatrix} = \begin{pmatrix} n - 1 \\ p - 1 \\ q + p - 1 \end{pmatrix} + \begin{pmatrix} n - 1 \\ p + 1 \\ q + p + 1 \end{pmatrix}. \tag{23}$$

И вместо выражения (20) правило заполнения числами нелинейного арифметического треугольника, будет:

$$\begin{pmatrix} n \\ q \end{pmatrix} = \begin{pmatrix} n - 1 \\ q - n \end{pmatrix} + \begin{pmatrix} n - 1 \\ q + n \end{pmatrix}. \tag{24}$$

3.2. Нелинейный арифметический параллелепипед

В нелинейном арифметическом параллелепипеде числа расположены в прямоугольных плоскостях одинаковых размеров, а сами плоскости расположены послойно друг под другом, начиная с вершины параллелепипеда.

Будем считать, что наш нелинейный арифметический параллелепипед имеет высоту nL, ширину $\Gamma = \gamma m + 1$ и длину $D = km' + 1$, где L, k – расстояния, γ – малый угол (для нашего дерева) или малое расстояние (для нашей пирамиды или параллелепипеда), а m, m' – натуральные числа (**Рис. 5c**). С помощью этой модели (нелинейного арифметического параллелепипеда), оказалось, можно описать различные типы бинарных целочисленных лучевых систем, в длинных трубках, изображенных, например, на **Рис. 5, 6, 32**.

Основное правило последовательного заполнения числами нелинейного арифметического параллелепипеда такое же, как у пирамиды, описывается выражением (23).

Запишем, для компактности, правило (23) последовательного заполнения числами нелинейного арифметического параллелепипеда (**Рис. 5c**) в виде:

$$A = B + C, \tag{25}$$

где $A = \begin{pmatrix} n \\ p \\ q \end{pmatrix}$, $B = \begin{pmatrix} n-1 \\ p-1 \\ q+p-1 \end{pmatrix}$ и $C = \begin{pmatrix} n-1 \\ p+1 \\ q+p+1 \end{pmatrix}$.

Для построения различных типов нелинейных арифметических параллелепипедов необходимо задавать различные дополнительные граничные и начальные условия.

На **Рис. 6** представлены различные варианты бинарной лучевой целочисленной системы.

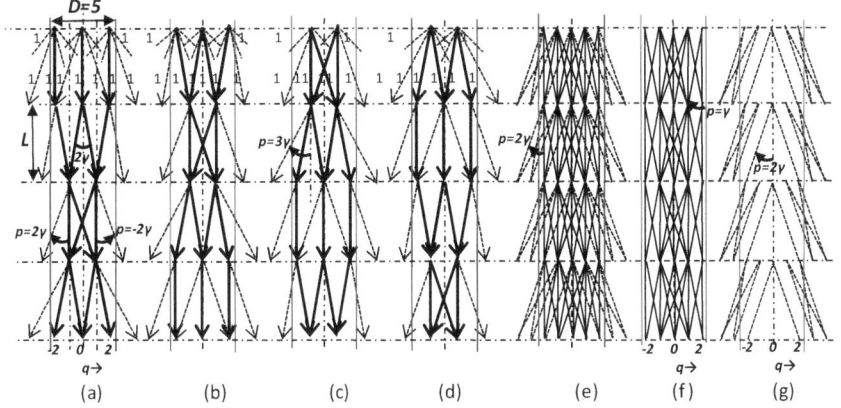

Рис. 6. Бинарная лучевая $i\gamma$ – система (целочисленная система), высотой nL, длиной D; лучи наклонены на углы $i\gamma$. Построение начинается с многих единиц нулевого (верхнего) ряда. (**a - d**) – 4 группы лучей относящихся к $i\gamma$ – системе, (**e**) – эти 4 группы совмещены вместе, (**f**) – периодические (волнообразные) траектории, входящие в состав $i\gamma$ – системы, изображенной на (**e**), (**g**) – непериодические траектории $i\gamma$ – системы.

Рассмотрим основные типы нелинейных арифметических параллелепипедов.

1. Параллелепипед типа 1.1, это случай, при котором задаются граничные условия для чисел q и производится совместный расчет системы периодических (волнообразных) и непериодических траекторий в пределах длины D бинарной лучевой системы и арифметического параллелепипеда (**Рис. 5b, c, 6a-e**).

На **Рис. 6a - d** представлены 4 группы лучей $i\gamma$ – системы, которые описываются нелинейным арифметическим параллелепипедом типа 1.1. На **Рис. 6e** все эти 4 группы лучей совмещены вместе.

2. Параллелепипед типа 1.2, это случай, при котором задаются граничные условия для чисел q и производится совместный расчет системы периодических (волнообразных) и непериодических траекторий в пределах длины D, а также непериодических траекторий, выходящих за пределы длины D бинарной лучевой системы и арифметического параллелепипеда. (**Рис. 5b, c, 6a-e**).

3. Параллелепипед типа 1.3, это случай, при котором задаются граничные условия не только для чисел q, но и для чисел p и производится совместный расчет периодических (волнообразных) и непериодических систем траекторий пределах длины D и ширины Γ бинарной лучевой системы и арифметического параллелепипеда.

4. Параллелепипед типа 1.4, это случай, при котором задаются специальные граничные и начальные условия для чисел q и p, и производится расчет только периодических (волнообразных) траекторий в пределах длины D и ширины Γ бинарной целочисленной лучевой системы и арифметического параллелепипеда.

5. Параллелепипед типа 1.5, это случай при котором мы совместно рассматриваем два параллелепипеда - типа 1.1 и 1.4 и производим расчет только расчет непериодических систем траекторий в пределах длины D.

6. Отметим, что возможно рассмотрение других различных комбинаций вышеперечисленных параллелепипедов.

3.2.1. Параллелепипед типа 1.1

Зададим, кроме (22) дополнительные граничные условия для числа A в выражении (25) ненулевых n - слоев:

$$A = 0 \qquad (26)$$

для $|q| > q_{max}$, где $q_{max} = D/2$ (**Рис. 5b, c**).

Далее зададим дополнительные граничные условия для чисел B и C в выражении (25) ненулевых n - слоев:

$$B = 0 \text{ и } C = 0 \qquad (27)$$

для $|q + p - 1| > q_{max}$ и $|q + p + 1| > q_{max}$, соответственно.

Простейший пример построения параллелепипеда типа 1.1 для $D = 5$ приведен на **Рис. 5с**, в этом случае нулевой слой ($n = 0$) состоит только из одной единицы.

Зададим теперь дополнительные начальные условия для последовательности чисел q нулевого слоя ($n = 0$):

$$\begin{pmatrix} 0 \\ p \\ q \end{pmatrix} = 1$$

для $|q| \leq q_{max}$ и

$$\begin{pmatrix} 0 \\ p \\ q \end{pmatrix} = 0 \, , \tag{28}$$

для остальных q.

Более подробно выпишем последовательность чисел нулевого ряда

по аналогии с (14):

$$\begin{pmatrix} 0 \\ p \\ 0 \end{pmatrix} = 1, \begin{pmatrix} 0 \\ p \\ \pm 1 \end{pmatrix} = 1, \dots, \begin{pmatrix} 0 \\ p \\ |q| \leq q_{max} \end{pmatrix} = 1, \begin{pmatrix} 0 \\ p \\ |q| > q_{max} \end{pmatrix} = 0. \tag{29}$$

Задавать дополнительные граничные условия для чисел p для параллелепипеда типа 1.1 не обязательно, т. к. числа p и q взаимосвязаны, что следует из выражения (23, 25) и граничных условий (27) для чисел $|q + p - 1|$ и $|q + p + 1|$.

Однако для уменьшения объема численных вычислений можно задать граничные условия (аналогично условиям (27)) для чисел p, учитывая, что для данного случая, как показывают наши численные расчеты:

$$|p| \le p_{max} \approx 1{,}6\sqrt{D}. \tag{30}$$

Аналогично, для уменьшения объема численных вычислений, зададим теперь дополнительные начальные условия для последовательности чисел p нулевого ряда ($n = 0$):

$$\begin{pmatrix} 0 \\ p \\ q \end{pmatrix} = 1$$

для $|p| \le p_{max} \approx 1{,}6\sqrt{D}$ и

$$\begin{pmatrix} 0 \\ p \\ q \end{pmatrix} = 0 \,, \tag{31}$$

для остальных p.

Таким образом, заполнение числами нелинейного арифметического параллелепипеда типа 1.1 (**Рис. 5c**) остается, как у пирамиды, прежним (23, 25), с учетом граничных и начальных (26 - 31) условий заполнения трехмерной числовой таблицы.

Необходимо отметить, что при численных расчетах для больших значений n форма огибающей распределения лучей в нелинейном арифметическом параллелепипеде практически не зависит от вида начальных условий (21) или начальных условий (28, 31). Однако, суммарное число лучей в случае условий (28, 31) приблизительно учетверяется по сравнению со случаем (21) (ср. **Рис.6a - d** с **Рис. 6e**).

Примеры расчета параллелепипеда типа 1.1

На **Рис. 7** приведен пример формул расчета нелинейного арифметического параллелепипеда (**Рис. 5c**) для случая $D = 5$, $\Gamma = 9$ для нулевого и первого проходов системы лучей, т. е. $n = 0, 1$, изображенной на

Рис. 6е. Расчет производился в соответствии с правилом (23, 25) последовательного заполнения числами арифметического прямоугольника с учетом граничных (26, 27) и начальных (28 - 31) условий.

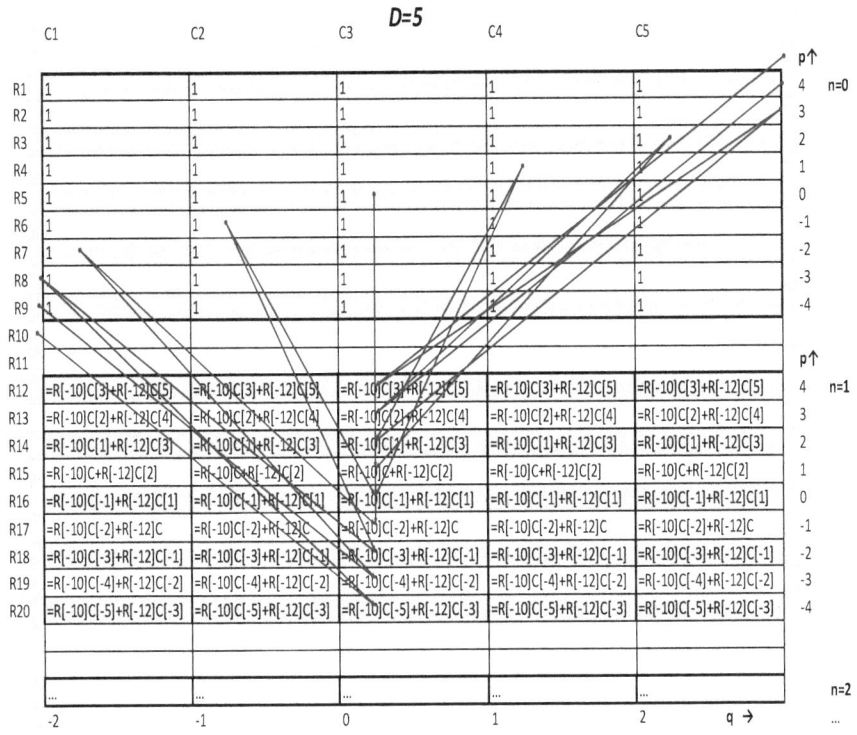

Рис. 7. Расчет заполнения числами нелинейного арифметического параллелепипеда типа 1.1 для случая $D = 5$ в программе Excel. На рисунке приведена таблица с показанными формулами, стрелками показаны влияющие ячейки.

На **Рис. 8** приведен этот же численный пример для нулевого, первого и 32-го проходов лучей, т. е. для $n = 0, 1, 32$. Три прямоугольника на **Рис. 8**, расположенные сверху вниз $n = 0$, $n = 1$ и $n = 32$ являются слоями нелинейного арифметического параллелепипеда (ср. **Рис. 8** с **Рис. 5с**).

24

D=5; Γ=9

q →	-2	-1	0	1	2	
					n=0	
4	1	1	1	1	1	
3	1	1	1	1	1	
2	1	1	1	1	1	
1	1	1	1	1	1	
↑ p 0	1	1	1	1	1	
-1	1	1	1	1	1	
-2	1	1	1	1	1	
-3	1	1	1	1	1	
-4	1	1	1	1	1	

q →	-2	-1	0	1	2	
					n=1	
4	1	1				
3	2	1	1			
2	2	2	1	1		
1	2	2	2	1	1	
↑ p 0	1	2	2	2	1	
-1	1	1	2	2	2	
-2		1	1	2	2	
-3			1	1	2	
-4				1	1	

| | ... | ... | ... | ... | ... | |
| | ... | ... | ... | ... | n=32 | |

q →	-2	-1	0	1	2	K'(p) Σ
4						
3	11144	6528				17672
2	22288	13056	15760	9232		60336
1	26904	22288	22288	15760	15760	103000
↑ p 0	22288	22288	31520	22288	22288	120672
-1	15760	15760	22288	22288	26904	103000
-2		9232	15760	13056	22288	60336
-3				6528	11144	17672
-4						
K(q); Σ	98382	89151	107616	89153	98386	

Рис. 8. Расчет заполнения числами нелинейного арифметического параллелепипеда типа 1.1 в программе Excel. Таблица заполнена числовыми значениями в соответствии с формулами, приведенными на **Рис. 7**.

На **Рис. 9** приведены графики огибающих распределения числа лучей (**Рис. 8**) $K(q)$ по сечению и $K'(p)$ по углу бинарной лучевой системы для случая $D = 5$ (**Рис. 6е**) при 32 - проходе ($n = 32$). Отметим, что для этого случая, как показывают наши расчеты, форма огибающих практически не меняется примерно после 15-го прохода.

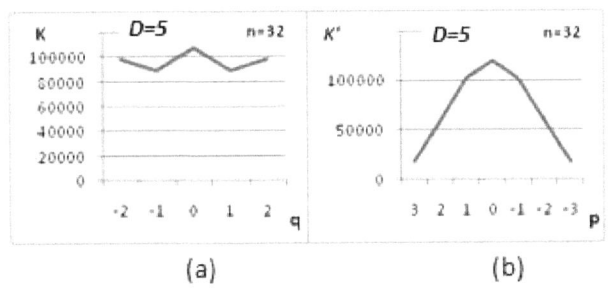

(a)   (b)

Рис. 9. Результаты заполнения числами нелинейного арифметического параллелепипеда, приведенного на **Рис. 8**. Огибающие распределения числа лучей $K(q)$ по сечению (**a**) и $K'(p)$ по углу (**b**) для случая $D = 5$, при тридцать втором ($n = 32$) проходе.

На **Рис. 10, 11** приведены графики огибающих распределения числа лучей $K(q)$ (**Рис. 10**) по сечению и по углу $K'(p)$ (**Рис. 11**) бинарной лучевой системы для случая $D = 255$ при различных значениях проходов (итераций) $n = 0, 1, 2, 4, 64, 256$. Форма огибающей меняется для $K(q)$ (**Рис. 10**) от близкой к прямоугольнику при начальных проходах (**a – c**) до близких к полу-эллипсу (**e, f**). Форма огибающей меняется для $K'(p)$ (**Рис. 11**) от близкой к прямоугольнику при начальных проходах (**a – c**) до близких к гауссову распределению (**e, f**). Примерно после 60-х проходов формы огибающих практически не меняется.

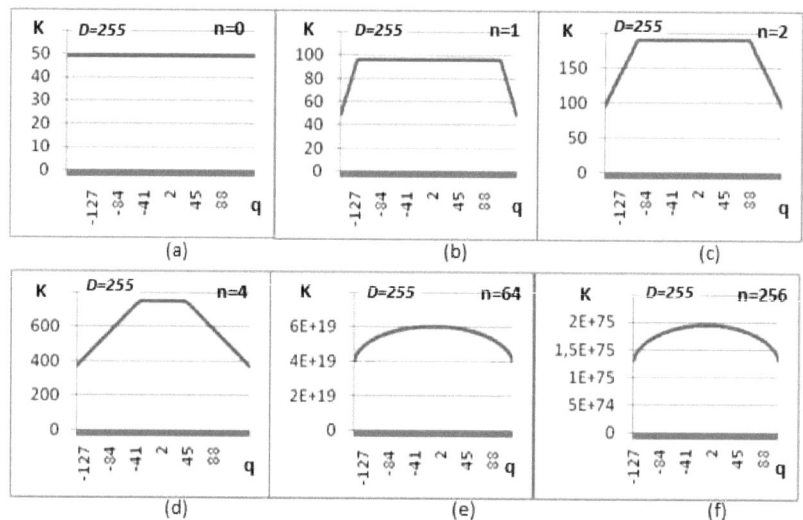

Рис. 10. Огибающие распределения числа лучей $K(q)$ по сечению для случая $D = 255$, для прохода $n = 0$ (**a**), для прохода $n = 1$ (**b**), для прохода $n = 2$ (**c**), для прохода $n = 4$ (**d**), для прохода $n = 64$ (**e**), для прохода $n = 256$ (**f**).

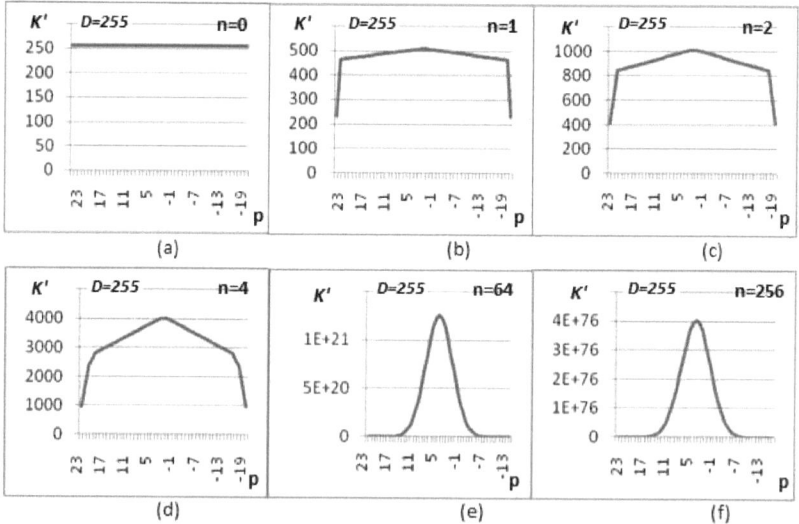

Рис. 11. Огибающие распределения числа лучей $K'(p)$ по углу для случая $D = 255$, для прохода $n = 0$ (**a**), для прохода $n = 1$ (**b**), для прохода $n = 2$ (**c**), для прохода $n = 4$ (**d**), для прохода $n = 64$ (**e**), для прохода $n = 256$ (**f**).

3.2.2. Параллелепипед типа 1.2

Отличие параллелепипеда типа 1.2 от параллелепипеда типа 1.1 в том, что мы не задаем дополнительные граничные условия (26) для числа A в выражении (25) ненулевых n – слоев, а задаем только дополнительные граничные условия (27) для чисел B и C. Этим мы учитываем лучи непериодических траекторий, выходящие за пределы бинарной лучевой системы.

Для уменьшения объема численных вычислений можно задать дополнительные граничные условия (аналогично выражению (30)) для чисел p, описывающие лучи непериодических траекторий, выходящие за пределы ширины Γ параллелепипеда, учитывая, что для данного случая, как показывают наши численные расчеты:

$$|p| \le p_{max} \approx 1{,}7\sqrt{D}. \tag{30 a}$$

Для уменьшения объема численных вычислений можно также задать граничные условия для чисел q, описывающие лучи непериодических траекторий, выходящие за пределы длины D параллелепипеда учитывая, что для данного случая, как показывают наши численные расчеты:

$$|q| \le q_{max} \approx 1{,}4\sqrt{D} + D/2. \tag{30 b}$$

Примеры расчета параллелепипеда типа 1.2

На **Рис. 12** приведен пример численного расчета нелинейного арифметического параллелепипеда (**Рис. 5c**) для случая $D = 5$, $\Gamma = 9$ для нулевого и первого проходов системы лучей, т. е. $n = 0, 1, 2,$ изображенной на **Рис. 6e**. Прямоугольники (слои параллелепипеда) $n = 0$, $n = 1.2$, $n = 2.2 \dots$ совпадают с расчетом параллелепипеда типа 1.1 (**Рис. 8**); дополнительные прямоугольники $n = 1.1$, $n = 2.1$ относятся к параллелепипеду типа 1.2.

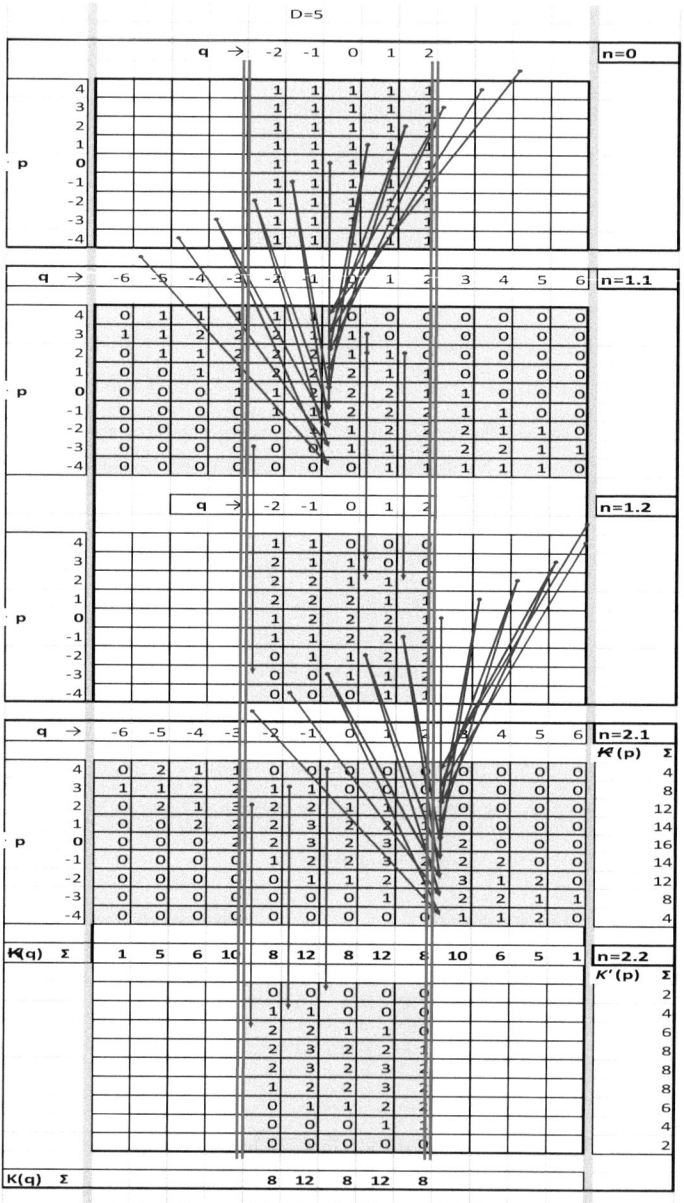

Рис. 12. Расчет заполнения числами нелинейного арифметического параллелепипеда типа 1.2 для случая $D = 5$ в программе Excel. Таблица заполнена числовыми значениями, стрелками показаны влияющие ячейки. Числа в прямоугольниках $n = 1.2$, $n = 2.2$ совпадают с числами в центральной части строк $n = 1.1$, $n = 2.1$.

На **Рис. 13** приведены совместно графики огибающих распределения числа лучей для параллелепипедов двух типов: (**a, b**) – для типа 1.1 и (**c, d**) для типа 1.2. **Рис. 13a, b** совпадает с **Рис. 9** К(q), $\cancel{K}$(q) - огибающие распределения по сечению $K'(p)$, $\cancel{K}$ (p) и по углу для параллелепипедов типа 1.1 и типа 1.2. соответственно. $D = 5$, $n = 32$. Отметим, что для этого случая, как показывают наши расчеты, форма огибающих практически не меняется примерно после 15-го прохода.

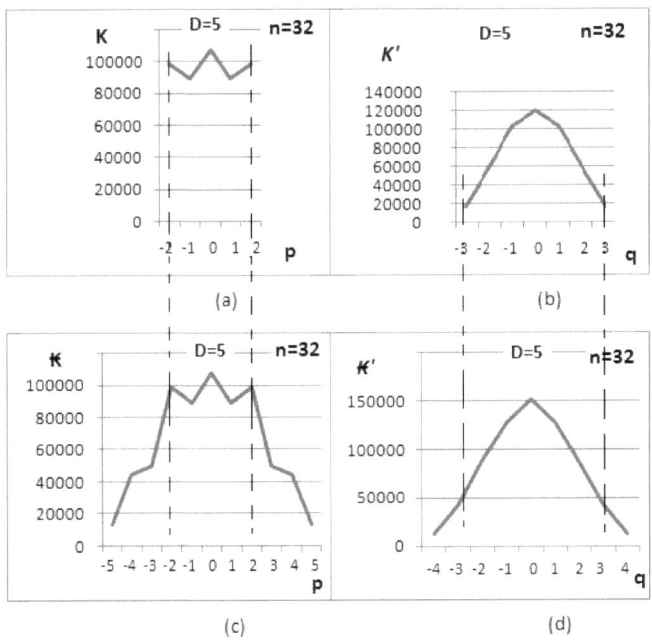

Рис. 13. Результаты расчета заполнения числами нелинейного арифметического параллелепипеда, для случая $D = 5$, приведенного на **Рис. 12.** (**a, b**) – огибающие распределения лучей для параллелепипеда типа 1.1, (прямоугольники $n = 1.1$, $n = 2.1$, на **Рис. 12**) совпадают с **Рис. 9.** (**c, d**) – огибающие распределения лучей для параллелепипеда типа 1.2 (прямоугольники $n = 1.1$, $n = 2.1$, на **Рис. 12**). Огибающие распределения числа лучей К(q), $\cancel{K}$(q)   по сечению (**a, c**) и $K'(p)$, $\cancel{K}(p)$ по углу (**b, d**) для тридцать второго ($n = 32$) прохода. Пунктиром показана граница трубки бинарной лучевой системы для случая $D = 5$, часть лучей бинарной лучевой системы (**Рис. 6**) выходит за границы апертуры системы (**c, d**).

На **Рис. 14** и **Рис. 15** приведены графики аналогичные **Рис. 13** для $D = 15$, $n = 32$ и $D = 99$, $n = 64$ соответственно. Отметим, что для этого случая, как показывают наши расчеты, форма огибающих практически не меняется примерно после 20-го прохода для $D = 15$, и после 30-го прохода для $D = 99$.

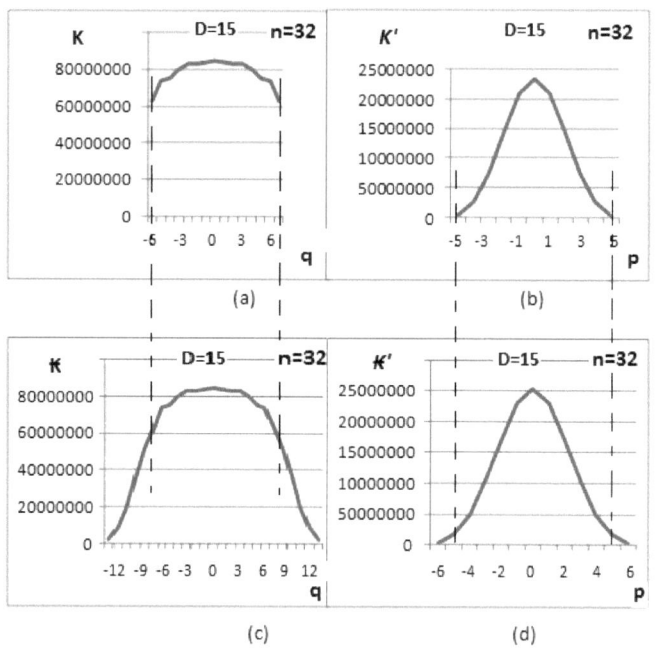

Рис. 14. Огибающие распределения числа лучей $K(q)$, $\mathbb{K}(q)$ по сечению (**a, c**) $K'(p)$, $\mathbb{K}(p)$ и по углу (**b, d**) для случая $D = 15$, $n = 32$. Часть лучей бинарной лучевой системы (**Рис. 6e, g**) выходят за границы апертуры (помечено пунктиром) бинарной лучевой системы. Формы огибающих на (**b, d**), близки к гауссову распределению, часть лучей, выходящих за пределы апертуры имеют огибающую, по форме близкую к экспоненте.

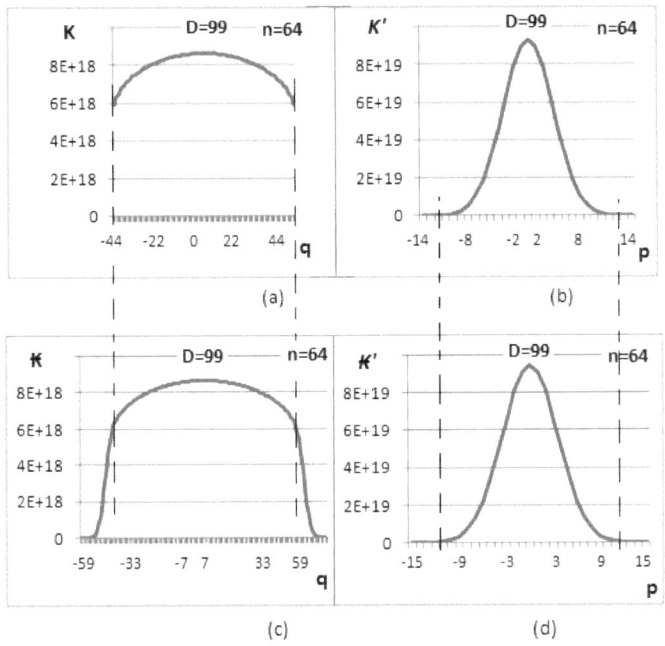

Рис. 15. Огибающие распределения числа лучей K(q), K(q) по сечению (**a, c**) $K'(p)$, K(p) и по углу (**b, d**) для случая $D = 99$, $n = 64$. Формы огибающих кривых на (**b, d**), близки к гауссову распределению, часть лучей, выходящих за пределы апертуры, имеют огибающую, по форме близкую к экспоненте.

3.2.2. Параллелепипед типа 1.3

Зададим, для параллелепипеда типа 1.1 кроме (26, 27) дополнительные граничные условия для чисел p ненулевых n - слоев:

$$A = 0 \qquad\qquad (32)$$

для чисел $|p|p_{max}$, где в соответствии с (30) $p_{max} \lesssim 1{,}6\sqrt{D} = \Gamma/2$.

Правило последовательного заполнения числами нелинейного арифметического параллелепипеда пирамиды останется прежним (23, 25), но процесс заполнения трехмерной числовой таблицы не будет выходить за пределы граничных условий его длины D и ширины Γ (**Рис. 5c**), с учетом граничных и начальных условий (26 – 28, 32) заполнения трехмерной числовой таблицы.

Примеры расчета параллелепипеда типа 1.3

На **Рис. 16** (аналогично **Рис. 8**) приведен числовой пример расчета нелинейного арифметического параллелепипеда типа 1.3 для случая $D = 5$, $\Gamma = 3$ для нулевого, первого и 32-го проходов лучей, т. е. для $n = 0, 1, 32$.

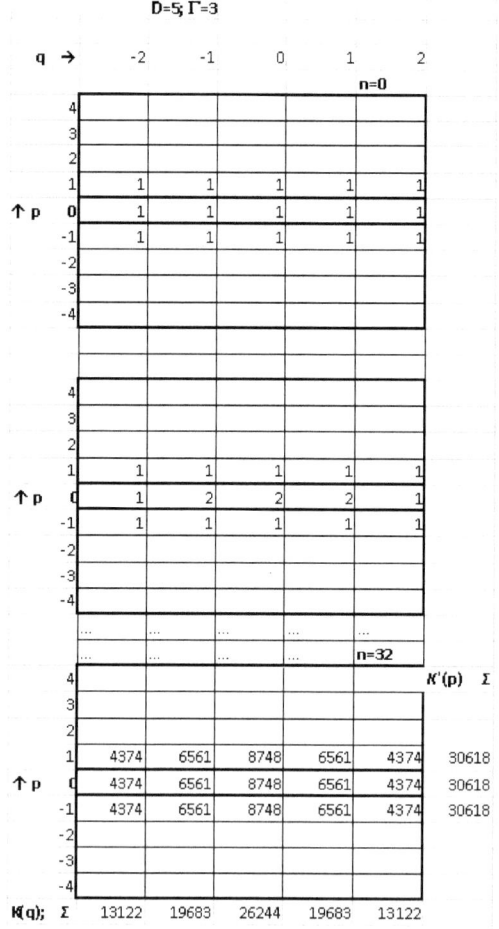

Рис. 16. Расчет заполнения числами нелинейного арифметического параллелепипеда типа 1.3 для случая $D = 5$ и $\Gamma = 3$ в программе Excel.

На **Рис. 17** приведены графики огибающих распределения числа лучей (**Рис. 16**) $K(q)$ по сечению и $K'(p)$ по углу бинарной лучевой. Отметим, что для этого случая, $D = 5$, $\Gamma = 3$, как показывают наши расчеты, форма огибающих практически не меняется примерно после 15-го прохода.

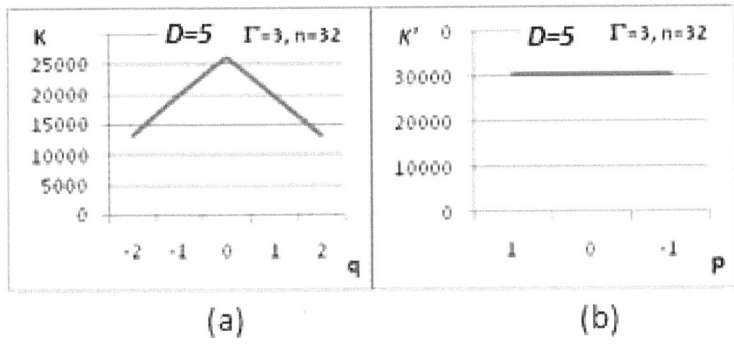

Рис. 17. Результаты расчета заполнения числами нелинейного арифметического параллелепипеда, приведенного на **Рис. 16**. Огибающие распределения числа лучей $K(q)$ по сечению (**a**) и $K'(p)$ по углу (**b**) для случая $D = 5, \Gamma = 3$, для тридцать второго ($n = 32$) прохода.

На **Рис. 18** приведены графики огибающих распределения числа лучей $K(q)$ по сечению и $K'(p)$ по углу бинарной лучевой системы для случая $D = 99$, $\Gamma = 3$ и $n = 64, 512, 1024$. Форма огибающей медленно меняется для $K(q)$ от близкой к прямоугольнику при начальных проходах до близких к параболе аналогично, изображению огибающих (параболы) на **Рис. 4**.

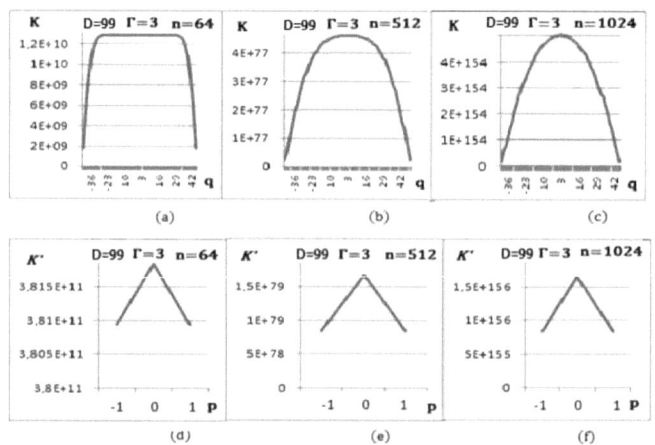

Рис. 18. Огибающие распределения числа лучей $K(q)$ по сечению (**a - c**) и по углу $K'(p)$ по углу (**d - f**) для случая $D = 99$, $\Gamma = 3$; для $n = 64$ (**a, d**), для $n = 512$ (**b, e**) и для $n = 1024$ (**c, f**).

На **Рис. 19** приведены графики огибающих распределения числа лучей $K(q)$ по сечению и $K'(p)$ по углу бинарной лучевой системы для случая $D = 255$, $\Gamma = 31$ при $n = 256$. Формы огибающей на **Рис. 19a, b** близка к **Рис. 10e, f** (часть эллипса) и **Рис. 11e, f** (гауссова кривая) соответственно. Формы огибающих на **Рис.19c, d** близки к параболам.

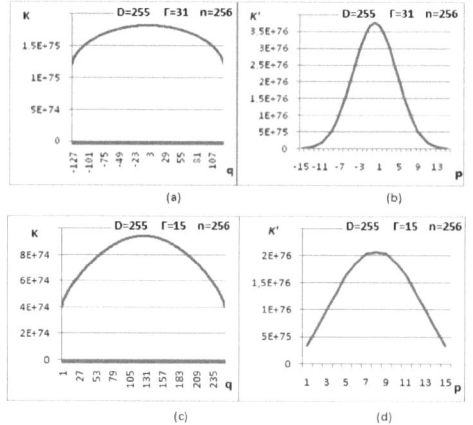

Рис. 19. Огибающие распределения для $n = 64$ числа лучей $K(q)$ по сечению (**a, c**) и $K'(p)$ по углу (**b, d**) для случая $D = 255$, $\Gamma = 31$ (**a, b**) и $D = 255$, $\Gamma = 15$ (**c, d**).

3.2.3. Параллелепипед типа 1.4

Как уже отмечалось выше в п. **3.2**, параллелепипед типа 1.4, это случай, при котором задаются специальные граничные и начальные условия для чисел q и p, для проведения расчета периодических (волнообразных) траекторий бинарной лучевой системы. Пример такой системы изображен в виде жирных линий периодических траекторий на **Рис. 5b** и на **Рис. 6f**.

В общем случае, для постройки такого параллелепипеда, для каждого значения чисел q (или группы таких чисел) необходимо задавать граничное и начальное значение чисел p.

Примем, что l - некоторые натуральные числа ненулевых слоев n, зависящие от чисел (номеров, характеризующих число l в параллелепипеде) n, p, q, т. е. $l(n, p, q)$ – это числа, заполняющие параллелепипед типа 1.4.

Примем, что $l = 1$ для нулевого слоя ($n = 0$).

Зададим граничные и начальные условия для чисел q_{max} для всех n - слоев:

$$\begin{pmatrix} n \\ p \\ q_{max} \end{pmatrix} = l \tag{33}$$

для $p = 0; 1$, и $l = 0$ для остальных p, и

$$\begin{pmatrix} n \\ p \\ -q_{max} \end{pmatrix} = l \tag{34}$$

для $p = 0; -1$, и $l = 0$ для остальных p.

Для чисел $q_{max} - 1$ и $q_{max} - 2$:

$$\begin{pmatrix} n \\ p \\ q_{max} - 1 \end{pmatrix} = l \quad \text{и} \quad \begin{pmatrix} n \\ p \\ q_{max} - 2 \end{pmatrix} = l \tag{35}$$

для $p = -1;\ 0; 1; 2$, и $l = 0$ для остальных p.

Для чисел $-q_{max} + 1$ и $-q_{max} + 2$:

$$\begin{pmatrix} n \\ p \\ -q_{max} + 1 \end{pmatrix} = l \quad \text{и} \quad \begin{pmatrix} n \\ p \\ -q_{max} + 2 \end{pmatrix} = l \tag{36}$$

для $p = -2;\ -1;\ 0; 1$, и $l = 0$ для остальных p.

Для чисел $q_{max} - 3$, $q_{max} - 4$ и $q_{max} - 5$:

$$\begin{pmatrix} n \\ p \\ q_{max} - 3 \end{pmatrix} = l, \quad \begin{pmatrix} n \\ p \\ q_{max} - 4 \end{pmatrix} = l \quad \text{и} \quad \begin{pmatrix} n \\ p \\ q_{max} - 5 \end{pmatrix} = l \tag{37}$$

для $p = -2; -1;\ 0; 1; 2; 3$, и $l = 0$ для остальных p.

Для чисел $-q_{max} + 3, -q_{max} + 4$ и $-q_{max} + 5$:

$$\begin{pmatrix} n \\ p \\ -q_{max} + 3 \end{pmatrix} = l, \quad \begin{pmatrix} n \\ p \\ -q_{max} + 4 \end{pmatrix} = l \quad \text{и} \quad \begin{pmatrix} n \\ p \\ -q_{max} + 5 \end{pmatrix} = l \tag{38}$$

для $p = -3; -2 - 1;\ 0; 1; 2$, и $l = 0$ для остальных p, и т. д. до величин $|p| \leq p_{max} = \Gamma/2$, где для данного случая, как показывают наши численные расчеты:

$$p_{max} \approx \sqrt{D} \tag{39}$$

Примеры расчета параллелепипеда типа 1.4

На **Рис. 20** приведен численный пример расчета нелинейного арифметического параллелепипеда типа 1.4 для случая $D = 15$, $\Gamma = 9$ для первых трех проходов лучей, т. е. для $n = 0, 1, 2$.

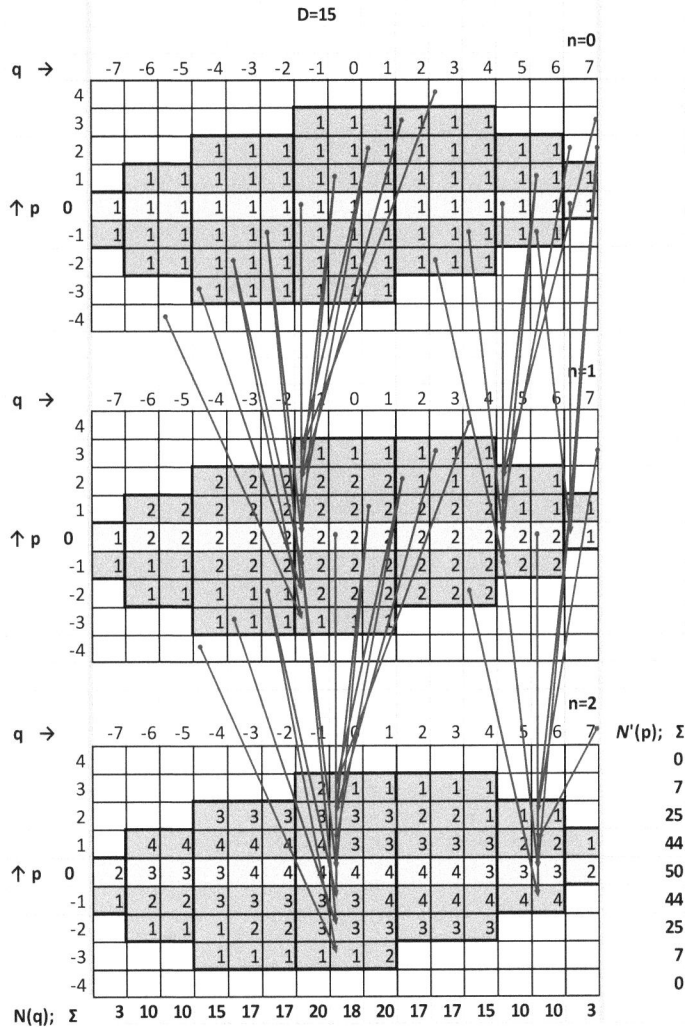

Рис. 20. Расчет заполнения числами нелинейного арифметического параллелепипеда типа 1.4 для случая $D = 15$ в программе Excel. Стрелками показаны влияющие ячейки.

На **Рис. 21** приведены графики огибающих распределения числа лучей $K(q)$ по сечению и $K'(p)$ по углу бинарной лучевой системы для случая $D = 15$, $\Gamma = 9$ и $n = 0, 16, 128$. Формы огибающих практически не меняются после 16-го прохода.

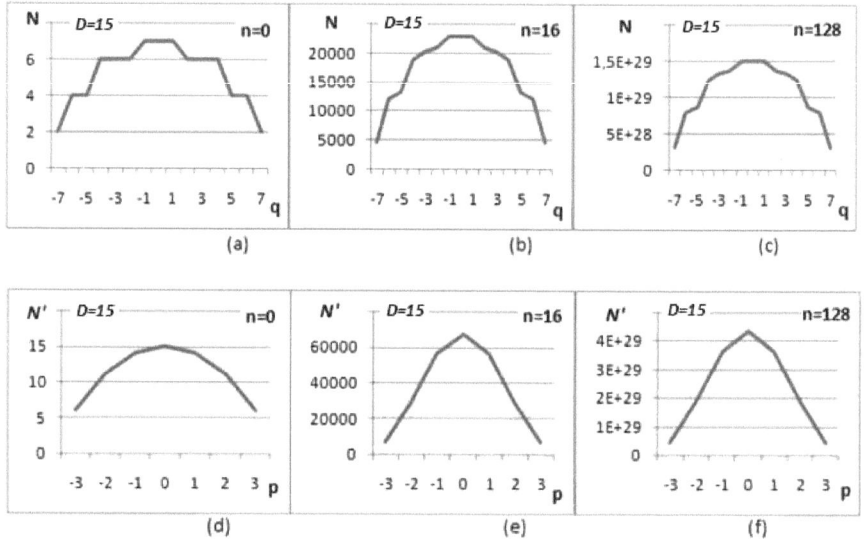

Рис. 21. Огибающие распределения числа лучей $N(q)$ по сечению (**a - c**) и $N'(p)$ по углу (**d - f**) для случая $D = 15$ (**Рис. 20**).

На **Рис. 22** (аналогично **Рис. 8**) приведен числовой пример расчета нелинейного арифметического параллелепипеда типа 1.4 для случая $D = 5$, $\Gamma = 5$ для нулевого, первого и 32-го проходов лучей, т. е. для $n = 0, 1, 32$. На **Рис. 22** начальные условия по форме совпадают с граничными условиями.

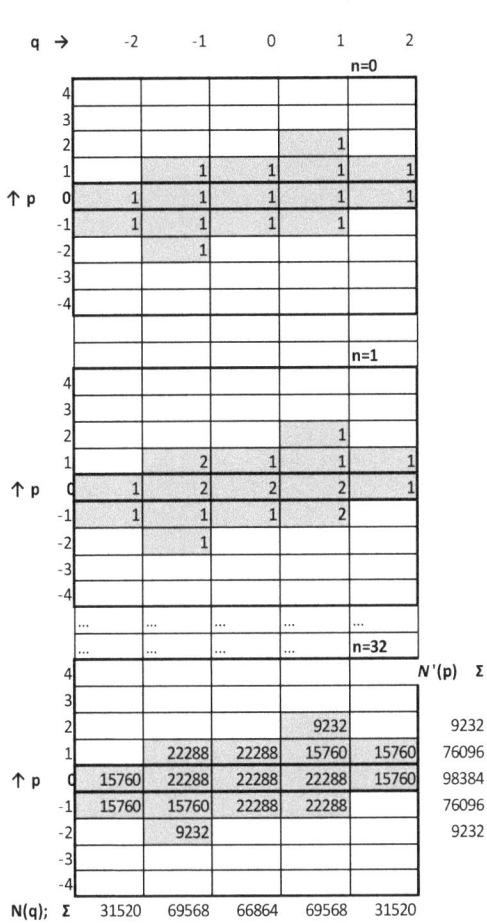

Рис. 22. Расчет заполнения числами нелинейного арифметического параллелепипеда типа 1.4 для случая $D = 5$ в программе Excel.

На **Рис. 23** приведены графики огибающих распределения числа лучей (**Рис. 22**) $N(q)$ по сечению и $N'(p)$ по углу бинарной лучевой системы для случая $D = 5$ (**Рис. 6f**) при 32 - проходе ($n = 32$). Отметим, что для этого случая, как показывают наши расчеты, форма огибающих практически не меняется примерно после 15-го прохода.

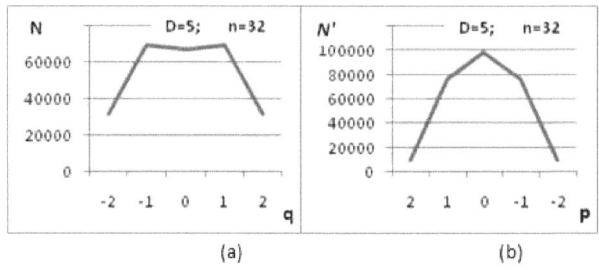

(a)   (b)

Рис. 23. Огибающие распределения числа лучей $N(q)$ по сечению (**a**) и $N'(p)$ по углу (**b**) для случая $D = 5$, $n = 32$ (**Рис. 22**).

На **Рис. 24** приведены графики огибающих распределения числа лучей $K(q)$ по сечению и по углу $K'(p)$ бинарной лучевой системы для случая $D = 255$ и проходов $n = 0, 64, 256$. Форма огибающей меняется для $K(q)$ от, близкой к параболе 2-й степени (или частей показательной функции) при начальных проходах (**a**) до близкой к параболе 4-й степени (или частей показательной функции) (**b, c**). Форма огибающей меняется для $K'(p)$ от близкой к параболе при начальных проходах (**a**) до близких к гауссову распределению (**e, f**). Примерно после 60-го прохода формы огибающих практически не меняется.

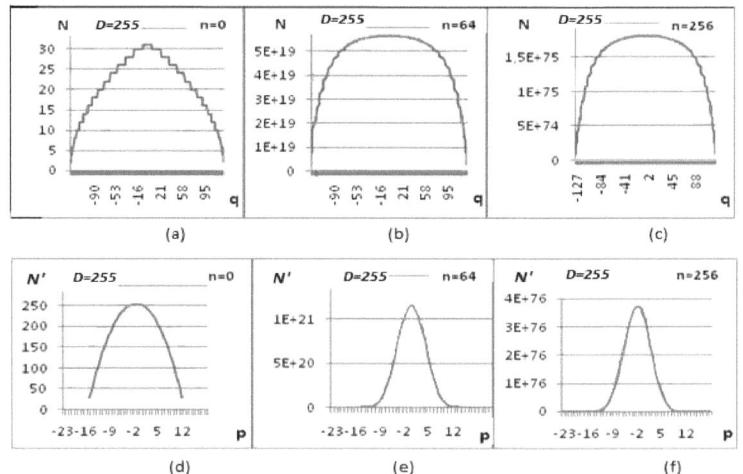

(a)   (b)   (c)

(d)   (e)   (f)

Рис. 24. Огибающие распределения числа лучей $N(q)$ по сечению (**a - c**) и $N'(p)$ по углу (**d - f**) для случая $D = 255$.

3.2.3. Параллелепипед типа 1.5

Как уже отмечалось выше в п. **3.2,** параллелепипед типа 1.5, это случай, при котором совместно рассматриваются параллелепипедов типа 1.1 и 1.4 для проведения расчета непериодических систем траекторий в бинарной лучевой системе в пределах длины D (**Рис. 6g**). Параллелепипед типа 1.1 описывает общее распределение K периодических и непериодических траекторий в бинарной лучевой системе в пределах длины D (**Рис. 6e**) Параллелепипед типа 1.4 описывает распределение N только периодических (волнообразных) траекторий в пределах длины D (**Рис. 6f**). Параллелепипед типа 1.5 описывает распределение M только непериодических траекторий в пределах длины D. Следовательно, распределение непериодических траекторий M можно получить из простого выражения:

$$M = K - N. \qquad (40)$$

Примеры расчета параллелепипеда типа 1.5

На **Рис. 25** приведен численный пример расчета нелинейного арифметического параллелепипеда типа 1.5 для случая $D = 5$ для нулевого, первого и 32-го проходов лучей, т. е. для $n = 0, 1, 32$.

Рис. 25a совпадает с **Рис. 22**. Пример, представленный на **Рис. 25b** отличается от примера на **Рис. 8** только начальными условиями. На **Рис. 25a, b** начальные условия по форме совпадают с граничными условиями. Результаты расчетов (**Рис. 8** и **Рис. 25b**) близки, особенно для больших значений D и n.

Разница между распределением чисел K на **Рис. 25a** и N на **Рис. 25b** показана как M на **Рис. 25c**.

42

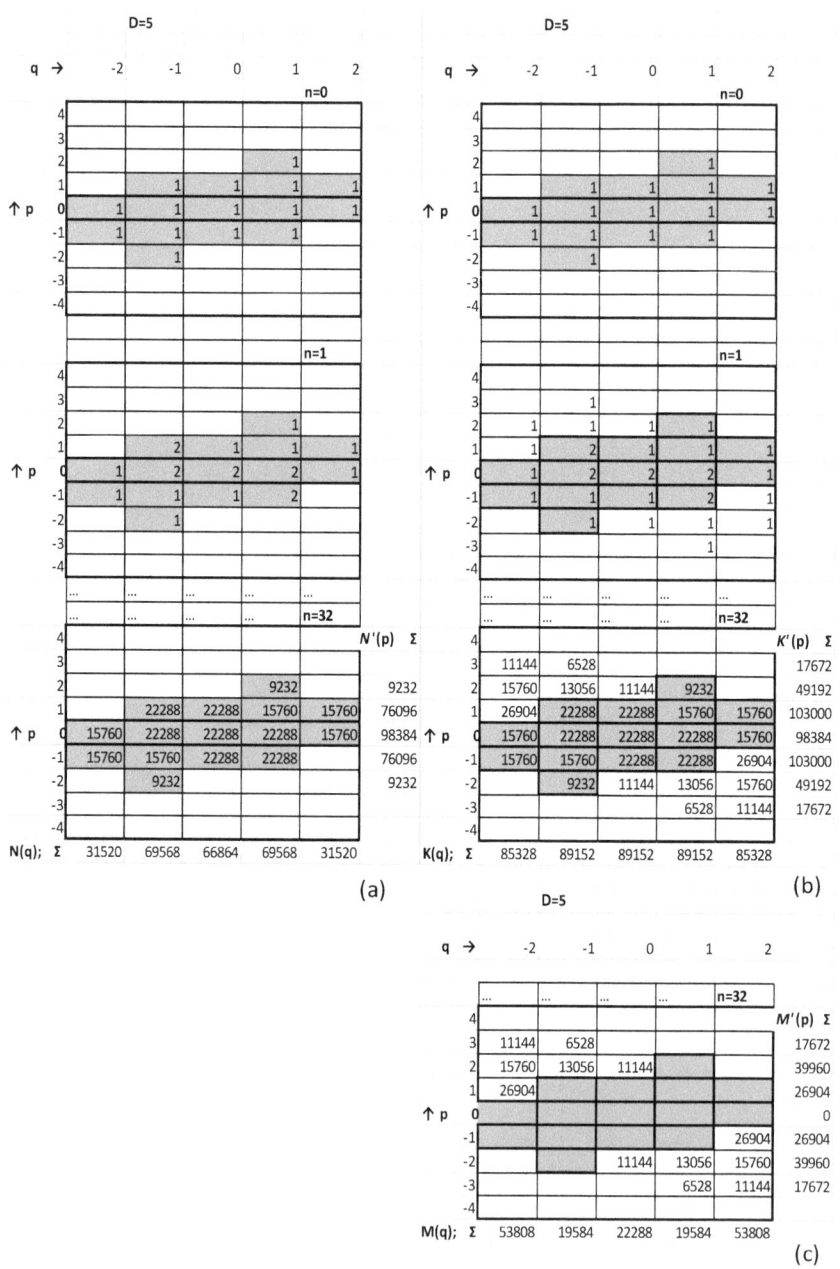

Рис. 25. Расчет заполнения числами нелинейных арифметических параллелепипедов типа 1.1 (**a**), 1.4 (**b**) и 1.5 (**c**) для случая $D = 5$ в программе Excel.

На **Рис. 26** приведены результаты расчетов (**Рис. 25**), графики огибающих распределения числа лучей $N(q)$, $K(q)$, $M(q)$ по сечению и $N'(p), K'(p), M'(p)$ по углу бинарной лучевой системы для случая $D = 5$ (**Рис. 6e, f, g**) для 32- прохода ($n = 32$). Отметим, что для этого случая, как показывают наши расчеты, форма огибающих практически не меняется примерно после 15-го прохода.

Формы огибающих на **Рис. 26a, b** совпадают с формами огибающих на **Рис. 23**, формы огибающих на **Рис. 26c, d** не полностью совпадают с формами огибающих на **Рис. 9**, из-за различия начальных условий.

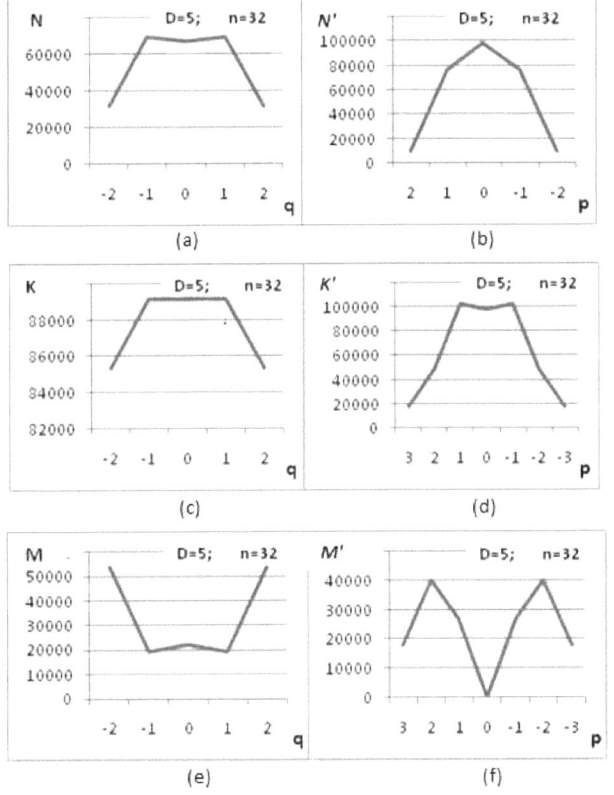

Рис. 26. Огибающие распределения числа лучей K(q), N(q), M(q) по сечению (**a, c, e**) и $K'(p)$, $N'(p)$, $M'(p)$ по углу (**b, d, f**) для случая $D = 5, n = 32$.

На **Рис. 27** приведены графики огибающих распределения числа лучей $K(q)$ по сечению и $K'(p)$ по углу бинарной лучевой системы (параллелепипед типа 1.1) для случая $D = 255$ при различных значениях проходов $n = 0, 64, 256$. Этот случай (**Рис. 27**) аналогичен распределению, изображенному на **Рис. 10** и **Рис. 11**, отличие – в заданных начальных условиях, поэтому огибающие распределения лучей при начальных проходах отличаются. Огибающие на **Рис.27a – c** по форме близки к эллипсу (точнее к полу-эллипсу, верхняя часть эллипса), огибающая на **Рис.27d** близка по форме к параболе, огибающие на **Рис. 27e, f** – к гауссову распределению.

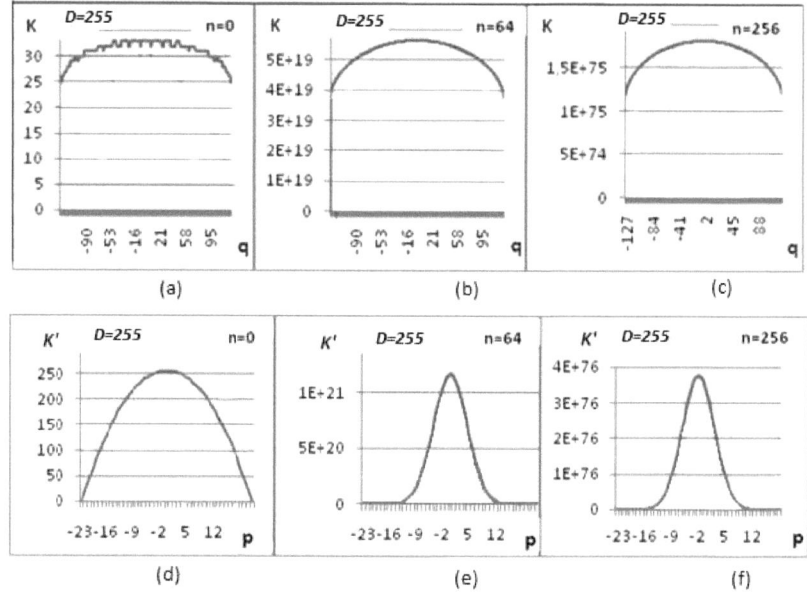

Рис. 27. Огибающие распределения числа лучей $K(q)$ по сечению (**a - c**) и по углу $K'(p)$ (**d - f**) для случая $D = 255$.

На Рис. 28 и Рис.29 приведены совместные графики огибающих распределения числа лучей $N(q)$, $K(q)$, $M(q)$ по сечению (**Рис. 28**) и $N'(p), K'(p), M'(p)$ по углу (**Рис. 29**).

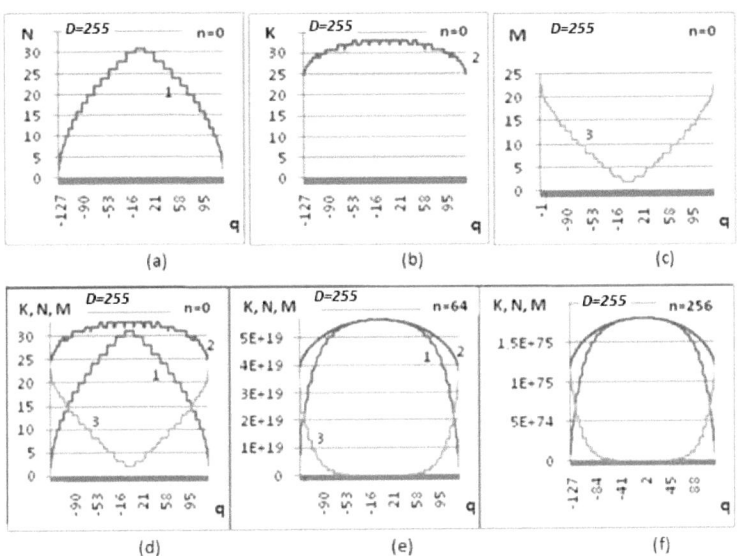

Рис. 28. Огибающие распределения числа лучей N(q), K(q), M(q) по сечению (**a, b, c**), кривые 1, 2, 3, соответственно, для случая $D = 255$, $n = 0$. Совместные графики огибающих распределения числа лучей N(q), K(q), M(q) кривые 1, 2, 3 (**d, e, f**), для случая $D = 255$, $n = 0, n = 64$ и $n = 256$.

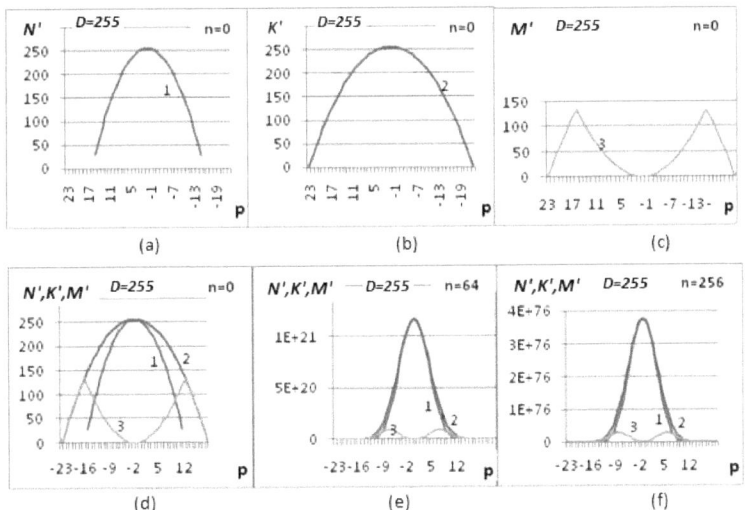

Рис. 29. Огибающие распределения числа лучей $N'(p)$, $K'(p)$, $M'(p)$ по углу рисунки (**a, b, c**), кривые 1, 2, 3, соответственно, для случая $D = 255$, $n = 0$. Совместные графики огибающих распределения числа лучей $N'(p)$, $K'(p)$, $M'(p)$ кривые 1, 2, 3 (**d, e, f**), для случая $D = 255$, $n = 0, n = 64$ и $n = 256$.

4. Углы и волны

Как уже отмечалось во введении, в работе [5] были описаны волнообразные геометрические траектории в лазере. Волнообразные траектории состоят из звеньев, наклоненных на малые углы γm или γi, где m - натуральные, а i - целые числа.

На **Рис. 30** эти «волны» показаны в виде жирных линий. В пределах длины D бинарной лучевой системы могут уложится одна волна или пакеты волн разной длины.

Обозначим как λ_m длину волнообразных траекторий, с увеличением D, λ_m растет дискретно:

$$\lambda_m = 4Lm. \tag{41}$$

Обозначим как ν_m высоту этой волны, высота ν_m пропорциональна квадрату длины λ_m:

$$\nu_m \sim \lambda_m^2. \tag{42}$$

Численные расчеты для волнообразных траекторий показали, что количество лучей распространяющихся вдоль этих волн или пакетов волн распределяются неравномерно по длине волны после большого числа проходов n, т. е. при стационарном распределении лучей в бинарной лучевой системе. На **Рис. 30b** мы отобразили эту неравномерность в виде отрезков различной «толщины» в различных частях волны.

Мы предполагаем, что энергия W, распространяющаяся вдоль одного звена траекторий системы лучей пропорциональна числу лучей $\mathbb{N}$, наложенных друг на друга вдоль этого звена.

Энергия волн уменьшается с увеличением длины λ_m волны так как энергия (число лучей, пропорциональное энергии) перераспределяется от более длинных волн к более коротким волнам.

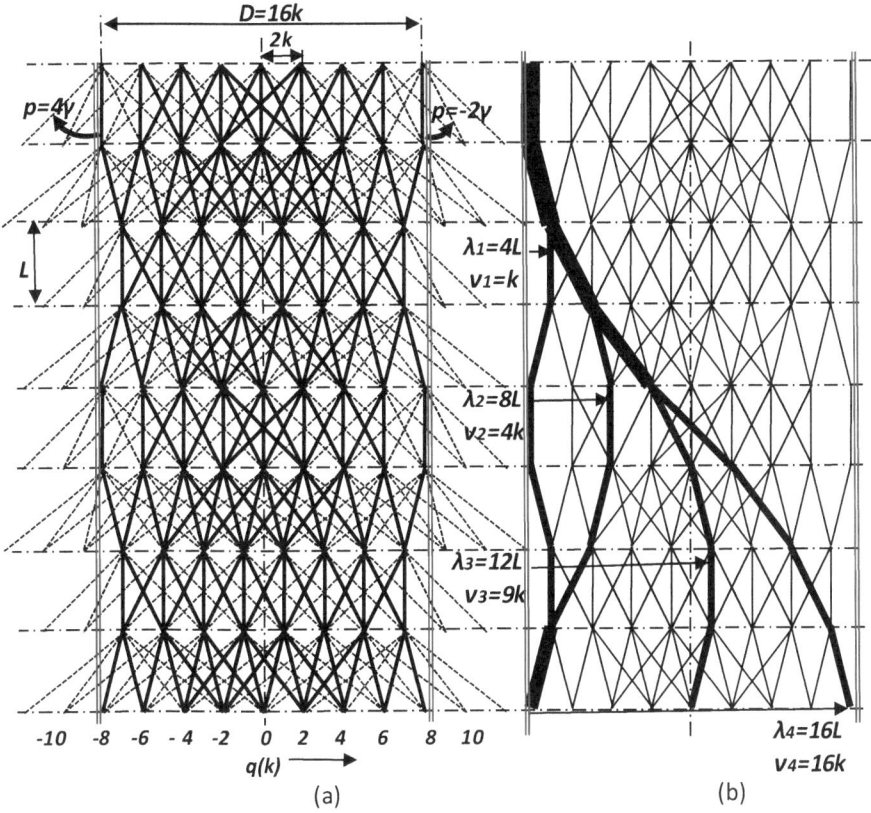

Рис. 30. Бинарная лучевая система (**a**). Волнообразные траектории (**b**). λ_m - длина «волны», v_m - высота «волны»; волны могут накладываться друг на друга, места наложения волн показаны как увеличение толщины траекторий; различные толщины участков волны, соответствует различному числу лучей, распространяющихся вдоль различных частей волны.

На **Рис. 31**, аналогичному **Рис. 6f** показаны пакеты волнообразных траекторий для этих «волн» и углы, характеризующие эти волны.

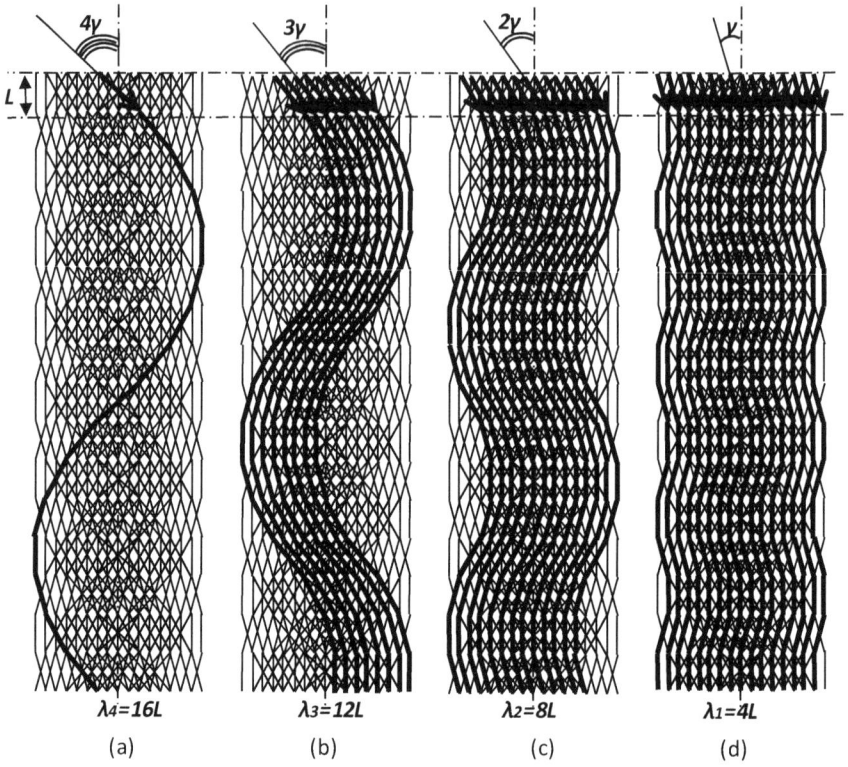

Рис. 31. Система (пакет) волнообразные траекторий различной длины $\lambda_m = 4Lm$ и углы γm или γi наклона звеньев (лучей) волнообразных траекторий. Волна $\lambda_4 = 16L$ (**a**), система волн $\lambda_3 = 12L$ (**b**), система волн $\lambda_2 = 8L$ (**c**), система волн $\lambda_1 = 4L$ (**d**).

Приведем далее следующие рассуждения. Наши волнообразные траектории состоят из прямых звеньев. Самая короткая ($m = 1$) «волна» λ_1 (**Рис. 31**) входящая в пакет таких волн состоит из 4-х звеньев, наклоненных на углы 0 и γ. «Волна» ($m = 2$) λ_2 состоит из 8 звеньев, наклоненных на углы $0, \gamma$ и 2γ. «Волна» ($m = 3$) λ_3 состоит из 12 звеньев, наклоненных на углы $0, \gamma, 2\gamma$ и 3γ. «Волна» λ_4 состоит из 16 звеньев, наклоненных на углы $0, \gamma, 2\gamma, 3\gamma$ и 4γ и т. д.

Самая длинная λ_{max} «волна» это λ_4 (или в общем случае пакет таких волн) отличается от вышеперечисленных, тем, что только она имеет в своем составе звенья, наклоненные на характеризующий ее угол 4γ. Особенностью волны или пакета волн) λ_3 есть то, что она имеет в своем составе звенья, наклоненные на характеризующий ее угол 3γ и это есть ее отличие от остальных, более коротких волн и. д.

Из этих рассуждений логично предположить, что распределение лучей по углу $\mathbb{N}(p)$ (п. 3.2.3) пропорционально распределению энергии волн $W(\lambda_m)$ в зависимости от их длины:

$$\mathbb{N}(p) \sim W(\lambda_m). \tag{43}$$

На **Рис. 31** видно, что для этого примера наименьшую энергию имеет самая длинная волна $\lambda_{max} = \lambda_4 = 16L$, а наибольшую – система самых коротких волн $\lambda_1 = 4L$.

Таким образом:

$$\mathbb{N}(p) \sim W(\lambda_m) \sim 1/\nu_m \sim 1/\lambda_m^2. \tag{44}$$

5. Полуцелая лучевая система

На **Рис. 32** показан другой тип бинарной лучевой системы. Лучи, составляющие эту систему, наклонены на малые углы,

$$p = (i + 1/2)\gamma, \tag{45}$$

где $i = 0, \pm1, \pm2 \ldots$, [4, 5] назовем эту группу лучей «$(i + 1/2)\gamma$ – системой» или «полуцелой (лучевой) системой». Для этой бинарной лучевой системы также можно аналогично случаям, описанным в п. 3 построить в соответствии с выражениями (23, 25) свой нелинейный арифметический параллелепипед. Построение такого параллелепипеда аналогично построению параллелепипеда $i\gamma$ - системы.

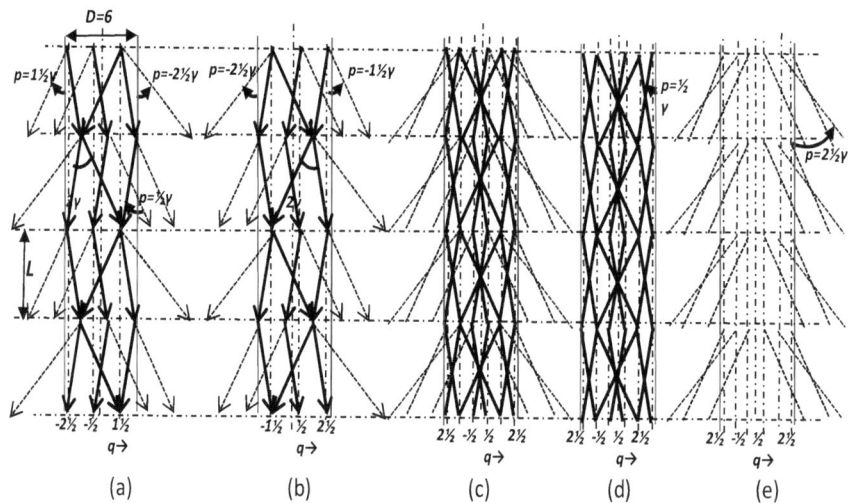

Рис. 32. Бинарная лучевая $(i + 1/2)\gamma$ – система (полуцелая система), высотой nL, длиной D; лучи наклонены на углы $(i + 1/2)\gamma$. Построение начинается с многих единиц нулевого (верхнего) ряда. (**a, b**) – 2 группы лучей относящихся к $(i + 1/2)\gamma$ – системе, (**c**) – эти 2 группы совмещены вместе, (**d**) – периодические (волнообразные) траектории, входящие в состав $(i + 1/2)\gamma$ – системы, изображенной на (**c**), (**e**) – непериодические траекторий.

Бинарная лучевая система, представленная на **Рис. 32** содержит периодические (волнообразные) и непериодические траектории, длина волнообразных траекторий будет: $2L(2m + 1)$.

Целочисленная $\{i\gamma$ – система$\}$ и полуцелая $\{(i + 1/2)\gamma$ – система$\}$ бинарные лучевые системы, изображенные на Рис. 6 и Рис. 32, соответственно, могут служить дополнительной наглядной геометрической интерпретаций целого и полуцелого, соответственно, спина элементарных частиц [17].

6. Некоторые общие геометрические закономерности и новая возможность приближенной наглядной интерпретация некоторых физических процессов

1. Форму огибающей расходимости излучения одномодового лазера, в котором свет проходит между зеркалами бесконечное число раз [15] (**Рис. 33** приложения) можно интерпретировать с помощью кривой, изображенной на **Рис. 9b, Рис. 11e, f, Рис. 14b, d Рис. 15b, d, Рис. 27e, f** и др. (форма огибающей близка к гауссову распределению).

Как правило, лазер бывает снабжен открытым лазерным резонатором, состоящим из двух плоскопараллельных зеркал. В этом случае, небольшая часть излучения выходит за границы апертура лазера. (Ср. с **Рис. 14, 15,** границы апертуры помечены пунктиром).

2. Форму огибающей нахождения частицы в бесконечно глубокой потенциальной яме [16, 17] (**Рис. 34 - 36** приложения) можно интерпретировать с помощью кривой, изображенной на **Рис. 14b, d, Рис. 15b, d, Рис. 24e, f** и др. (форма близка к гауссову распределению). Границы лучевой сисемы на **Рис. 14, 15** помечены пунктиром.

Изображение пакетов волн (волнообразных траекторий) в потенциальной яме [16, 17] (**Рис. 34 - 36** приложения) представлено на **Рис. 30** и **Рис. 31.** Распределение энергии в волнах различной длины пропорционально углу наклона звеньев. При нулевом проходе лучей вдоль звеньев распределение лучей представлено на **Рис. 24d** и **Рис. 29a, d** и др. После многих проходов (итераций) достигается стационарное распределение, по форме близкое к гауссову распределению, представлено на **Рис. 24e, f** и **Рис. 29e, f** и др.

Форма огибающей углового распределения звеньев траекторий на **Рис. 24d** и **Рис. 29a** близка к параболе (т. е. в параксиальном приближении зависимость квадратичная), что соответствует квадратичной зависимости распределения энергетических уровней (**Рис. 34b** приложения) и форме волны электрона в (**Рис. 35a** приложения) [17].

Форма огибающей углового распределения лучей, распространяющихся вдоль звеньев траекторий на **Рис. 24e, f** и **Рис. 29e, f** близка к гауссову распределению, что соответствует кривой вероятности нахождения электрона в потенциальной яме [16, 17] (**Рис. 35b, 36** приложения).

Форма огибающей углового распределения лучей на **Рис. 14 b, d** и **Рис. 15b, d**, близка к гауссову распределению. Форма огибающей распределения небольшого количества лучей, выходящие за пределы потенциальной ямы (за пунктирные линии на **Рис. 14, 15**) можно интерпретировать как геометрическую модель тоннельного эффекта [16, 17] (ср. с **Рис. 36** приложения). Форма огибающей распределения этого небольшого количества лучей близка к экспоненте [16, 17] (**Рис. 36** приложения).

Возможно, использование различных типов (целочисленной и полуцелой) описанных бинарных лучевых систем для нахождения различных типов частиц в потенциальной яме. Например, по формальным признакам полуцелая система, изображенная на **Рис. 32**, больше подходит для описания нахождения электрона в потенциальной яме, чем целочисленная система, изображенная на **Рис. 6**, т. к. электрон характеризуется полуцелым спином.

3. Форму огибающей распределения скорости жидкости по сечению трубы при (**Рис. 37** приложения) ламинарном [18] течении (ср. с волнообразными траекториями на **Рис. 5a, Рис. 6f, Рис. 30f** и **Рис. 31**) можно интерпретировать с помощью кривой, изображенной на **Рис. 24a** и **Рис. 28a**. Эта кривая по форме близка к параболе [18] (**Рис. 37** приложения) или частям экспоненты второй степени.

Форму огибающей распределения объема протекающей жидкости по сечению трубы при ламинарном [18] течении можно интерпретировать с помощью кривых, изображенных на **Рис. 24b, c** и **Рис. 28 e, f**. Эта кривая по форме близка к параболе или частям экспоненты четвертой степени [18].

4. Форму огибающей распределения скорости (возможно и объема) протекающей жидкости по сечению трубы при (**Рис. 38** приложения) турбулентном [18] течении (ср с совместным рассмотрением волнообразных периодических и непериодических траекторий на **Рис. 6а – е** и **Рис. 30а**) можно интерпретировать с помощью кривой, изображенных **на Рис. 10е, f, Рис. 27а - с** и **Рис. 28b, d, e, f**. Эта кривая по форме близка к эллипсу (точнее полу-эллипсу, верхняя часть эллипса) или параболе седьмой степени [18].

7. Заключение

С помощью вышеописанных моделей бинарной лучевой системы и нелинейного арифметического параллелепипеда возможно, весьма приближенно и формально, однако просто и геометрически наглядно интерпретировать выше приведенные некоторые физические процессы.

8. Литература

1. *А. В. Юркин*. Квантовая электроника, 18, 493 (1991). . *A. V. Yurkin*. New mirror for a laser resonator // *Sow. J. Quantum Electron.*, v. 21, p. 447, 1991.

2. *А. В. Юркин*. Квантовая электроника, 18, 1209 (1991). *A. V. Yurkin*. Feasibility of reduction laser divergence // Sov. J. Quantum Electron., 1991, v. 21, p. 1096.]

3. *А. В. Юркин* .Квантовая электроника, 19, 819 (1992). *A. V. Yurkin*. Geometric features of a laser resonator consisting of many tilted reflecting planes //Sov. J. Quantum Electron., 1992, v. 22, p. 760.

4. *А. В. Юркин*. Квантовая электроника, 20, 377 (1993). *A. V. Yurkin*. Recurrence calculation of laser divergence and refractive analog of a multilobe mirror // Quantum Electron., 1993, v. 23, p. 323.

5. *А. В. Юркин*. Квантовая электроника, 21, 385 (1994). *A. V. Yurkin*. Quasi-resonator a new interpretation of scattering in lasers // *Quantum Electron.*, v. 24, p. 359, 1994.

6. *S. L. Popyrin, I. V Sokolov, A. V. Yurkin*. Three-dimensional geometrical analysis and the characteristics of laser generation in a multilobe mirror cavity // Optics Communications, 1999, v. 164, pp. 297 - 305.

7. *M. B. Mensky, A. V. Yurkin*. Труды института системного анализа РАН, 32(2), 113 (2008). The `diffusion' of light and angular distribution in the laser equipped with a multilobe mirror // Procedings of Institute of Systems Analysis of RAS, 2008, v. 32, no. 2, pp. 113 - 121. arXiv:physics/0108037

8. *A. V. Yurkin*. System of rays in lasers and a new feasibility of light coherence control // Optics Communications, 1995, v. 114, p. 393.

9. *А. В. Юркин*.Труды института системного анализа РАН, 32(2), 99 (2008). *A. V. Yurkin*. The ray system in lasers, non-linear arithmetic pyramid and non-linear

arithmetic triangles // Proceedings of the Institute of Systems Analysis of RAS, 2008, v. 32, no. 2, pp. 99 – 112. arXiv:1302.5214

10. *А. В. Юркин.* Труды института системного анализа РАН, 42(1), 66 (2009) *A. V. Yurkin.* Ray trajectories and the algorithm to calculate the binomial coefficients of a new type // Proceedings of the Institute of Systems Analysis of RAS, 2009, v. 42, no.1, pp. 66 - 77. arXiv:1302.4842

11. *А. В. Юркин.* Труды института системного анализа РАН,. 62(4), 28 (2012). *A. V. Yurkin.* New view on diffraction discovered by Grimaldi and Gauss

beams // Proceedings of the Institute of Systems Analysis of RAS, 2012, v. 62, no. 4, pp.28 - 35. arXiv:1302.6287

12. *A. V. Yurkin.* New binomial and new view on light theory. About one new universal descriptive geometric model. (Lambert Academic Publishing, 2013). ISBN 978-3-659-38404-2.

13. *N. J. A. Sloane. S. Plouffe.* The Encyclopedia of Integer Sequences. New York: Academic Press, 1995. http://oeis.org/Seis.html. Sequences A053632

14. *А. Н. Колмогоров, И. Г. Журбенко, А. В. Прохоров.* Введение в теорию вероятностей (М., Наука, 1995).

15. *О. Звелто.* Принципы лазеров (М. Мир 1990).

16. *К. А. Путилов, В. А. Фабрикант.* Курс физики (М., Физматгиз, 1960. т. 3, гл. 9).

17. *И. В. Савельев.* Курс общей физики (М., Наука, 1982, т. 3, гл. 4).

18. *К. А. Путилов.* Курс физики (М., Физматгиз, 1954. т. 1).

Приложение

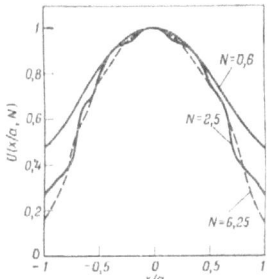

Рис. 4.21. Амплитуда моды низшего порядка плоскопараллельного резонатора для трех значений числа Френеля. (Согласно Фоксу и Ли [6].)

Рис. 33. Пример амплитуды светового поля в проскопараллельном лазерном резонаторе после приблизительно 200 проходов света между зеркалами. Здесь N – безразмерное число Френеля, часто применяемое в геометрической оптике, $N = a^2/L\lambda$, где $2a$ – апертура лазера, L – расстояние между плоскопараллельными зеркалами, а λ - длина волны. (**Рис. 4. 21** из монографии [15]).

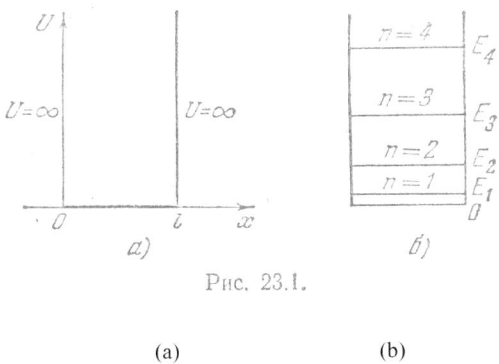

(a)   (b)

Рис. 34. Графики бесконечно глубокой одномерной потенциальной яма и уровней энергии: Схема потенциальной энергии U одномерной бесконечно глубокой потенциальной ямы **(a)**, схема энергетических уровней E_n в этой яме «в виде неравномерно расположенных энергетических уровней», расстояние между уровнями увеличиваются линейно как $(2n + 1)$, а расстояние от основания до уровней увеличивается квадратично пропорционально n^2 в направлении снизу вверх **(b)**. (**Рис. 23. 1** из монографии [17]).

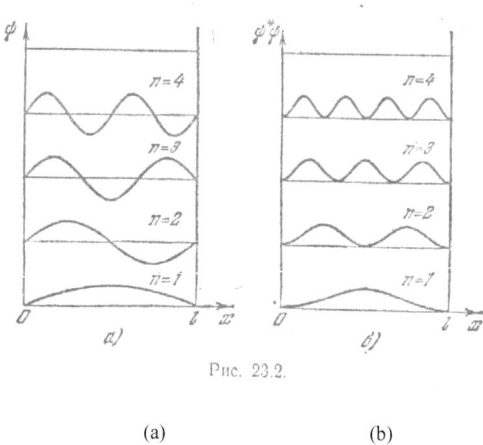

Рис. 23.2.

(a)   (b)

Рис. 35. Графики функций ψ и плотности вероятности: Схема волновых функций ψ в одномерной бесконечно глубокой потенциальной яме **(a)**, и схема плотности вероятности $\psi*\psi$ обнаружения электрона на различных расстояниях от стенок этой ямы **(b)**. Схема приведена «в виде равномерно расположенных энергетических уровней», расстояние между уровнями постоянно, а расстояние от основания до уровней увеличивается линейно пропорционально n. (**Рис. 23. 2** из монографии [17]).

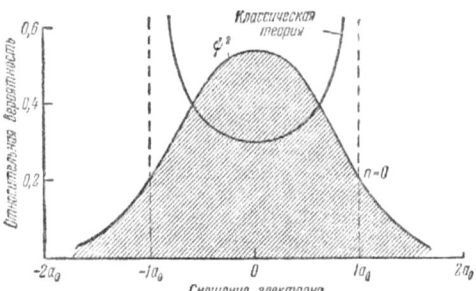

Рис. 245. Относительная вероятность встретить электрон на различных расстояниях от положения равновесия, когда он совершает колебания, находясь в самом низком квантовом состоянии: $n = 0$ (a_0 — классическая амплитуда при $E = \frac{1}{2} h\nu$).

Рис. 36. Относительная вероятность встретить электрон на различных расстояниях от положения равновесия, когда он совершает колебания, находясь в самом низком квантовом состоянии. Под классической теорией подразумевается качания маятника, поскольку скорость качания маятника неравномерная, то вероятность его обнаружения вблизи стенок резко возрастает (**Рис. 245** из монографии [16]). **На Рис. 36** вероятность встретить электрон выходит за пределы потенциальной ямы, то есть наблюдается туннельный эффект. Границы ямы помечены пунктиром.

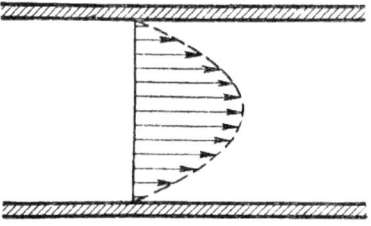

Рис. 179. Параболическое распределение скоростей при ламинарном
течении в трубе.

Рис. 37. «...Скорости ламинарного течения в трубе распределены по параболическому закону.» [18, стр. 284 - 285] «Следовательно, по закону Пуазеля количество жидкости, протекающей в 1 сек. по трубе, при общих равных условиях пропорционально четвертой степени радиуса трубы.» [18, стр. 284 - 285]. (**Рис. 179** из монографии [18]).

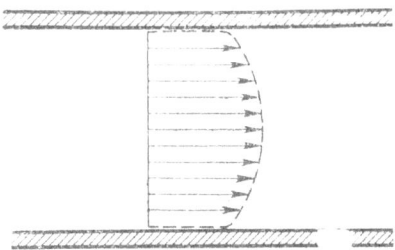

Рис. 180. Распределение скоростей
при турбулентном течении в трубе.

Рис. 38. «При турбулентном течении (Рис. 180) скорость течения, как показывает опыт, пропорциональна примерно корню седьмой степени из расстояния до стенки:» [18, стр. 284 - 285]. (**Рис. 180** из монографии [18]).

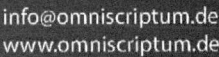
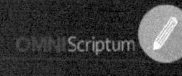

Printed by Books on Demand GmbH, Norderstedt / Germany